书山有路勤为径，优质资源伴你行
注册世纪波学院会员，享精品图书增值服务

THE
RECOGNITION BOOK

50 WAYS
TO STEP UP, STAND
OUT AND GET
RECOGNIZED

认可获得书
50种改变观点和工作的方法

[英] 保罗·瓦里纳（Paul F. Warriner）著

何怀瑾 译

电子工业出版社
Publishing House of Electronics Industry
北京·BEIJING

版权贸易合同登记号　图字：01-2020-3580

图书在版编目（CIP）数据

认可获得书：50种改变观点和工作的方法／（英）保罗·瓦里纳（Paul F. Warriner）著；何怀瑾译. —北京：电子工业出版社，2021.9

书名原文：The Recognition Book: 50 Ways to Step up, Stand out and Get Recognized

ISBN 978-7-121-41704-7

Ⅰ.①认… Ⅱ.①保… ②何… Ⅲ.①成功心理－通俗读物 Ⅳ.① B848.4-49

中国版本图书馆 CIP 数据核字（2021）第 153774 号

责任编辑：杨洪军

印　　刷：中国电影出版社印刷厂

装　　订：中国电影出版社印刷厂

出版发行：电子工业出版社

　　　　　北京市海淀区万寿路173信箱　　邮编100036

开　　本：880×1230　1/32　印张：5.875　字数：151千字

版　　次：2021年9月第1版

印　　次：2021年9月第1次印刷

定　　价：49.00元

凡所购买电子工业出版社图书有缺损问题，请向购买书店调换。若书店售缺，请与本社发行部联系，联系及邮购电话：（010）88254888，88258888。

质量投诉请发邮件至zlts@phei.com.cn，盗版侵权举报请发邮件至dbqq@phei.com.cn。

本书咨询联系方式：（010）88254199，sjb@phei.com.cn。

从1997年开始，保罗·瓦里纳便与我一起共事，从那之后我们就是非常要好的朋友。他是个充满同理心，而且十分正直的人。他将他的知识与经验中最精华的部分毫无保留地呈现在这本绝妙的书中，尽他所能为你漫长又艰辛地探寻认可的旅程指引一条正确的道路。我想，除非有机会与他面对面交谈，否则没有什么方法能够比阅读这本书更好地帮助你去学习如何获得认可了。

——约瑟夫·瑞秋，临床心理学家、心理咨询师

这本书充满了各种可以令你引起他人注意且实现自我满足的小工具和小技巧。你只要能够熟练地掌握并运用其中的一两种即可，这样一来便没有什么困难可以在职场及生活中阻挡你了。

——克里斯·鲍德温，Sodexo BRS UK 客户关系部总监

如果想要获得认可并发挥出自身最大的潜力，那么请务必仔细阅读这本书。

——盖尔·邱齐，Bicester Wills & Probate创始人

我和我的团队成员与保罗一起合作并探讨了这本书中许多宝贵且有趣的想法。作为一名管理者，我想要的是那些拥有主观能动性，能够主动推进项目的员工。这本书为读者提供了让自己变得更加主动、更加优秀的工具。

——凯文·思提拉特，Sadler Talbot总裁

对你来说如何算是"被认可"

本书的主题是认可，换句话说，是如何提升自我并获得应得的认可。

在本书中，认可的意思是：取得成就、完成服务、拥有能力后获得的欢呼和赞赏。

认可的词源来自拉丁语单词"recognoscere"，意思是"重新认知、回想起来"。

但是对你而言，认可意味着什么？

是加薪、升职，还是体验新事物的机会，抑或是一个微笑、一句谢谢？

无论你的答案如何，我可以自信地说，人类或多或少都想被认可。在我们的工作中，被认可是一个难以解释却又必不可少的因素。

因此，虽然本书主要聚焦于职场，但其实书里介绍的许多方法和概念同样适用于生活中的其他方面，如家

庭、社区甚至精神层面。

被认可拥有独特的魔力。它可以升华人的精神，令人调整心态，给人重新注入精力，改变人的外表，甚至重塑未来的人生轨迹。

合适的认可（你渴望的那种认可）能助你乘风破浪，披荆斩棘，穿越一切艰险，最终实现自己的目标。

所以，本书应该从哪里开始呢？

从这句话开始吧："被认可是每个人都应得的。"

如果你认同我的想法——所有人都需要被认可，认可可以滋养人的心灵，那你一定也会赞同斯宾塞·约翰逊和肯·布兰佳在他们所著的《一分钟经理人》中提到的观点："反馈是胜者的早餐。"

想要成为冠军、脱颖而出，成为所在领域的佼佼者，需要考虑到许多因素。而反馈和认可一定是其中之二。

对于短跑运动员来说，秒表中的数字是他训练成果的反馈，而奖牌则是对他长期努力的认可；对于摇滚明星来说，台下连绵不绝的欢呼喝彩和观众歇斯底里地尖叫着要他返场便是对本场演出的反馈，而场场爆满的会场即体现了观众对他的认可；对于不知疲倦的会计师而言，收支平衡的账簿是他辛苦工作的反馈，而源源不断

的付款发票和新订单则是客户对他工作的认可。

本书的目的即在于此——帮助你发掘出心中期望的认可，以及你的上司能够给出的反馈和认可。

想要得到你一直渴望，并且是你应得的认可，请阅读下文。

做正确的选择

做自己不喜欢做的事情还能被认可可不是一件容易的事。倒不是说这完全不可能，但想要因为做好自己不喜欢的事情而获得认可着实需要下一番功夫。

因此，选择最匹配自己性格特点的工作是重中之重，也是获得别人认可的基础。在这里我用"重中之重"这个词，是因为本人十分认同这个概念："如果一项工作值得做得很好，那即便一开始做得不好，也一样值得将其进行到底。"想要将工作做得完美，坚持不懈地练习是必不可少的。

据说在英国，一半以上的职工都在不适合他们的领域里挣扎。如果你也是其中一员的话，不要过于懊恼，因为工作不顺而感到沮丧是正常的；这也意味着你刚好有机会可以试一试本书里呈现的方法和窍门。

不要因为头几份工作没选择好便沉浸在懊悔之中，

破罐子破摔。要学会从过去的经历中吸取教训，然后制订一个发掘自己爱做，且能够以此为生的工作的计划。

一个用心设计且顺利执行的计划可以提高人的竞争力，而竞争力可以赋予人自信，自信可以带给人勇气去斩断过去，摆脱过去的纠缠，然后找到适合自己的工作，进而得到应得的认可。

职业规划是成功学里独一无二的重要因素，想要详细的探讨至少要一整本书的篇幅。

假装踢球的时候有球探在盯着

多年以前，我在诺丁汉上学的时候，一位体育老师给了我一条忠告："在球场上踢球的时候，假装边上有球探一直盯着你。"不论是玩足球、曲棍球、网球还是游泳，他总是跟我重复这一句话。我猜他跟每个学生都这么说过！日后，我的同学中有几位进了国家队，而我在足球和曲棍球方面虽然没什么天分，玩得都不怎么样，但是多亏我的体育老师不断地鼓励我，我在游泳方面倒是小有成就。

我觉得，换句话说，我的体育老师的意思其实是人永远要竭力拼搏，全力而出，不留遗憾。你可能无数次听到过类似的话。

不过，在职场里这句话依然有效。在工作中，你很难知道是谁在暗中注视着你，或者是谁会因为一点小事就对你的为人处世做出不公正的评判。

但是，即使你在做每一份工作时都抱着"老板会看到"的态度认真去做，就一定能保证你会得到应得的认可吗？

想要确保自己真的能得到认可，请接着读下去。因为破解"被认可"这个谜题可没那么简单。

阅读本书的时候有几点需要时刻牢记：首先，不要急于求成。要想得到梦想中的认可，可能仅仅需要一瞬间，也可能需要几个月，甚至数年。进度的快慢主要取决于自身的规划、外部的环境、所处的体系和工作的程序。而最为重要的是，能够认识到在通向被认可的道路上身处何处。

其次，本书在撰写之初便考虑到所有读者，所以不管你是职场新人还是久经沙场的高管，本书都能对你有所帮助。当跟随着本书的指引一步步学会如何获得他人的赞赏时，你也许会发现，过去觉得不足为奇的概念和观点突然变得大有功效了。

每次重新阅读某个章节后，你都会重新认识其中的概念或观点。这背后的原理是，当你学习如何获得认可

时，你的理解能力会随着学习的进度一同提升，行为举止也会变得越发老练。

请享受这趟学习的旅程。勤做笔记，把你所学整理成日志，记录下获得的每个认可，因为这是你应得的。

认清自我

开启这趟探寻认可的旅程的第一步，是发掘出自身的特点——相比别人，你需要对自己有更深刻的认识。不是肤浅地白往黑归，而是深入剖析、勾画出自身大致的画像。

你做过心理测试吗？这类测试有很多种形式，有免费的也有付费的，有电子版的也有纸质版的，有的复杂烧脑，有的简洁明了。你所在的公司在招聘时应该也让你做了心理测试吧？如果没有的话可真是可惜了，因为心理测试可是描绘出人的心理状况的绝佳材料。

在分析自身的情况时把心理测试作为切入点是个大胆又新颖的做法，不过这么做能够非常好地达成预定的目的。一般来讲，做完测试后当场就能得出结果，而且结果往往会使你大吃一惊，甚至让你怀疑心理测试是否真的有效。如果你做的测试是那种被广泛认可、当作标准接受的，那你还是不要怀疑测试结果，而要深吸口气

仔细看看心理测试给你的反馈。不要让自己局限于文字结论里的描述，要尽量跳出框架来思考自己的特点和偏好。

即便你无论如何也没法让自己认同心理测试得出的某些结论，也没关系；可以尝试把那些结论当作改变自己的起点和基础。很多时候，测试的结论展现了你潜意识里对自己的认识，只不过，你不愿意承认罢了。

直觉是什么？直觉是脑海里那个时刻回荡、无所不知的声音；直觉是在买衣服时满不在乎，事后想起来却因为没有听信它而感到后悔的第六感。

第六感可能是人类所有感觉中最厉害的一个，虽然我们使用它的频率没有其他感觉那么频繁，而且对于绝大部分人而言，它也不是一种可以随时体验到的感觉，但是它仍然存在于每个人的体内。我们生活在物质世界里，所以一般优先通过肉体来感受事物。我想你肯定有过这种经历：有些时候，当你走进房间时会在一瞬间感受到屋里存在的某种气氛——这便是第六感在起作用。

更多地使用、开发自己的第六感，才能更加熟练地运用它。第六感会令人对熟悉的事物产生新的想法，无论是对工作、对上司还是对公司。一定务必留意这些信

号，因为它们绝不会凭空出现。

为了令你更多地了解你是怎样的人，先问问自己以下几个问题：

1. 你的核心价值观有哪些？

2. 你有哪些信念？

3. 你喜欢自己的哪些方面？

4. 有哪些方面是你想改变的？

5. 当你家着火的时候，如果只能抢救出一件东西，你会选择哪件？

与你相伴终生的学习旅程很可能会从这里正式开

始。下定决心迈出第一步是最初也是重要的一环；而弄清楚自己到底想要什么，进而努力达成目标，便是接下来的第二步。

确认你想要的

弄清楚自己想要什么可能是最困难的事情之一。知道自己喜欢什么并不困难，但是确认自己到底想要什么并不是一件容易的事——我们眼前有太多的选择，有太多的信息来辅助我们做决策，有数不胜数的建议无时无刻不在我们耳旁嗡嗡作响，有点让人不知从何入手。

假设你想要买一套新房子。但是，在什么地段买，要买几室几卫，买多大的面积才合适？假设你想要买一辆新车。但是，买哪个品牌，车上要有哪些配置，参照哪种标准去选择，是应该热血一次遵从内心的直觉，还是冷静地让脑海内的理性来做决策？或者假设你想要找一份新工作。但是，该选择哪一行？很多时候，知道自己不想要什么比努力思考并认定自己到底想要什么简单得多。

也许，这就是为什么人们常常安之若素，沉醉于轻易达成的成就，终日故步自封，直到某天如梦方醒，向自己发出直达灵魂深处的质问："我为何沦落于此？"

绝大多数人都怀揣着希望、梦想和抱负，只不过从未试着将它们转化为实实在在的目标。只有很少一部分人会把它们逐一记录下来。人们通常把目标定到自知可以实现的水平上，偶尔会延伸至自认可以实现的水平，但几乎不会碰触会让生活天翻地覆的目标。

这便是为什么那些能够确认自己的目标，并制订相应的行动计划的人在工作中的表现远胜于那些工作时毫无头绪、不知道自己目标所在的人的根本原因。

就工作而言，寻找到合适的职业道路是个苦力活。通常需要耗费大量时间来思考、计划、准备、比较，甚至试验，其中的每一步都至关重要。

不过，在探索与自己最相匹配的职业道路时所付出的努力终将有所回报。你应该听人说过"做你爱做的"或者"让自己的兴趣来选择便能享受工作"之类的话吧。

为了帮助你思考你的兴趣是什么，可以从以下几个问题着手：

1. 如果无路可退的话，你会选择做哪件事？

2. 如果某日财务自由了，你会如何利用自己的时间？

3. 什么活动最能让你兴奋?

4. 如果你只剩六个月的生命,你会如何规划剩下的时间?

虽然这些只是几个最简单的问题,不过我想你应该懂我的意思。在制定职业规划的时候,你可以利用它们来帮助你定义对你而言最为理想的职业道路。幸运的是,多亏科技进步和全球市场发展,在当今社会里即使你心目中理想的工作不存在也没关系,我们可以根据你的需求创造一个让你满意的工作。只有敢于放飞梦想,才能梦想成真。

弄清楚你希望在什么领域、以何种方式被认可

一切都在于你。一切都在于你是谁;在于你内心深处的价值观、信仰、兴趣、欲望;在于你想如何被人认可和铭记。

此处我们将引入"获得认可计划"这个概念。这种计划跟商业计划有些相似,主要内容是对未来获得认可

该采取何种路线的规划。在设计"获得认可计划"时需要预留出足够长的时间周期，以便你评估计划的进度，毕竟获得认可不是一朝一夕就能实现的。友情提示——关键绩效指标（KPI）和重大事件标志对制订计划也大有帮助。不过，这毕竟是你的计划，最终的决定权在你手上。

在开始获得认可计划前，首先要明确自己的视野和阶段目标。在职业生涯的哪一段被认可？因为什么事被认可？以哪种方式被认可？除了明确视野和目标，还应该在开始前大致规划好这个计划所需的时间。

别忘了，被认可的方式可以是一个微笑或者一句谢谢，不是每个认可都像诺贝尔奖一样。

确认视野和目标之后，接下来需要做的是确定你是怎样的人，以及你未来想成为什么样的人。例如，你现在有什么性格特点，以及哪些特点能更好地帮助你获得想要的认可。

在计划的第二部分，思考你如何对待他人。例如，你现在是怎么对待周围人的，你自认为在哪些地方还有改进的空间，以及未来想如何对待他人。

悄悄地告诉你，规划"获得认可计划"时很重要的一点是，起点设在何处并不重要。可以从第一份工作开始，也可以从进入董事会当高管开始。给自己定下的被认可所需要的时间可以是一天、一周、一个月、一年、三年甚至一辈子。被认可的目标也可以围绕着日常工作展开，或者围绕着重大项目展开，甚至围绕部门任务展开。重要的是，在制订被认可计划的时候要深思熟虑，定期回顾并记录进度和成果，不能偷懒。

制订计划的第三部分时，想一想你该做哪些事。你现在在做什么？为了获得认可，你还需要做哪些事情？需要做的事情中除了单纯地为了完成手头上任务的那部分，还有一部分是为了日后的发展积攒功效，所以不要因为有些需要做的事不能解燃眉之急就掉以轻心，摆出满不在乎的态度。

计划的第四部分主要聚焦于现在和未来的你应如何表现。我希望你能合上书仔细想想，你周围被认可的人的行为举止都有什么特点。

事不宜迟，现在就着手制订"获得认可计划"吧。

这里，我想给你一点建议，在每章后都预留出足够的空间做笔记。笔记是用来自我反馈和记录学习结果的。假如在学习的过程中你发现学习某些事情的效果并不像预想的那样，没关系，稍稍调整一下自己的学习方法和节奏便可。不断地对学习结果进行评估，并确保你

走的每一步都能让你朝着目标前进。

"获得认可卡片"可以有效地作为"获得认可计划"的补充材料。这种卡片跟名片差不多大，内容基本就是"获得认可计划"的重点概括。随身携带这种卡片，每天时不时地掏出来看一眼，可以帮助你时刻牢记自己的计划。开始实施计划前先花点时间思考并确定自己的目标。具体如何操作可以参考本书后续关于目标设定的章节。一旦确认了想要达成的目标，"获得认可计划"（见表0-1）可以令你专注于达成目标需要的行动。

表0-1 获得认可计划

章	你现在是什么样子	你想变成什么样子	你将要做什么
第1章 你是怎样的人			
第2章 你如何对待他人			
第3章 你该做哪些事			
第4章 你应如何表现			

目录 CONTENTS

第3章 你该做哪些事 / 047

第4章　你应如何表现　/ 119

第 1 章

你是怎样的人

本章我们将审视一些有助于使你被认可的价值观和人物特征。先声明一下，这里并没有包涵所有价值观和人物特征——鉴于篇幅和我有限的知识，还有许多价值观未能在本书中逐一列举。还有一点需要注意，除了书中提到的人物特征，未涉及的负面的人物特征也须多加留意，因为很显然，这些是典型的反面案例。

学习完几个关键的价值观和人物特征后，你可以大概熟悉如何发掘、找出自己的特征，思考不同特征间的异同，以及它们对帮助人获得认可是利是弊。

1. 积极性

有关这个话题的作品实在太多了，而且绝大部分所说的内容都是完全正确的。那这个话题还需要我详细地复述一遍吗？答案是：很有必要。

积极性在成功学里是至关重要的一个因素。想要获得认可的前提自然是在绝大多数时间里保持充满积极性和干劲的态度。

在新工作之初充满热忱并不困难，毕竟人们都想在最开始的时候给人留下好印象。但是一直维持这份热忱，并且没有一分钟不想让自己不开心则困难得多。

那么，如何才能做到充满积极性呢？

　　戴尔·卡内基在他的训练手册里用一句话完美地总结出来："充满热情地行动，便能成为充满热情的人。"当你在面对不喜欢的任务而竭力维持自己的热忱时，这句话格外有效。

　　这并不意味着维持积极性像他说得这么简单，不过只要拥有正确的想法、端正的心态以及合适的计划，想要维持积极性并不是不可能的事。如果想要自始至终地做好工作，积极性是必不可少的；而如果想要维持积极性，则需要在心里有目标，能够预想到可能的结果，并理解自己工作的意图。

　　运动员为何能周而复始地坚持枯燥乏味的训练？原因是他们心中有着坚定的、值得为之努力的目标。积极性除了无人能挡，还极其富有传染力。吸引旁人与你一起在探寻认可的旅程中努力是个非常可靠地帮你获得应得的认可的方法。

　　除了上面提到的好处，积极的态度还可以使人避免故步自封和自鸣得意这两个在探寻认可的旅程中需要避开的坏习惯。

2. 正能量

关于这个话题要我说什么好呢？所有励志类的书籍都会提到正能量吧！既然这样，我就换个方式来谈谈这个都快被说烂了的话题。请你认真思考一下，正能量真的能让你获得认可吗？充满正能量有助于留下良好的印象吗？怀揣类似"我一定能做到"之类的信念对于能否获得认可的影响大吗？

你是怎么认为的呢？写到这里的时候我有十足的把握说，本节可能是全书中最短的一节！

拥有积极向上的态度自然会使你被认可。目前，能够佐证正能量效果的信息不止一条两条。人们会被积极

阳光的人迷得神魂颠倒；充满正能量的人可以自然而然地调动起周围的气氛，并且潜移默化地向旁人灌输正能量。

如果你也是这样一位充满正能量的人，那么请努力保持下去，因为积极的态度终将对你有所回报。

不过，如果你是个悲观主义者，眼中从未闪现过一丝希望，心中未曾种下过希望的种子，那么你该做什么来改变如此令人沮丧的心态，挽救看似毫无希望的人生呢？

能帮助并引导你走向正轨的方法有很多，你可以在思考后分别尝试看看哪种方法对你有效。例如，从根源上让自己避免受到坏消息的影响；可以试着多喝点水，练习正念冥想让自己平静下来。

正能量其实就是意识，准确地说是自我意识。最关键的点是接受自己，并让自己被积极的人包围，因为充满正能量的人更容易获得同事和上司的认可。

3. 满怀谦逊

　　与自我意识相伴随的是谦逊感。谦卑的人会感激自己所经历过的磨难，获得在进步的旅程中反思的能力，并愿意帮助同样在挣扎的他人。

　　人人都会犯下错误。错误是经验之母，很显然，经验可以在人们做决定时助其一臂之力。

　　通过从失败中学习，我们可以将积累的经验分享给他人，借此机会帮助他人学习，在必要的时候给他们的学习之路提供捷径。每次错误、每次失败都是另一种意义上的学习机会，可以令所有人都受益匪浅。

　　为人谦卑并不是弱点，也不是软弱顺从的象征。实

际上，谦逊是睿智的人在意识到自己的不完美时选择的为人处世的一种态度——谦卑的人才能让对方敞开心扉，毫无保留地交流，最终成为交心的朋友。这样的人际关系也是一种特殊的被认可的标志。

4. 鼓起勇气

"幸运女神只垂青勇者。"

"爱拼才能赢。"

这些话你肯定已经听过无数次了。风险无时无刻不存在于我们周围；分清哪些风险值得一搏而哪些应该无视需要良好的判断力。

我们都知道，横穿没有路灯的路口十分危险，但是我们能够做到时刻小心，并多加练习便能熟练掌握过马路的技巧。一般来讲，我们都是从哪些路可以横穿开始学习，接下来依次学习应该从哪里横越，以及如何判断来车的速度，分析与过马路相关的潜在风险等事项，直

到真正学会如何独立横穿马路。

不过，人们在学习之初并不会莽撞地一头扎进去，而是由有经验的人（如父母和老师）手把手地指导，必要的时候他们甚至会亲自示范。在一些特别的领域中甚至有职业顾问来确保新人的人身安全。反复练习几次后，我们便会尝试着迈出独立行动的第一步。虽然指导我们的人可能依旧会躲在暗中观察我们的行动，但是我们依然对自己充满信心。

几乎所有的事情都会有一个起点、一个目标或者一种技巧，不管是好的还是坏的，都可以以此为基础，日积月累地改进和提高。

那我们为什么不将这种久经考验的方法用于处理其他种类的风险呢？每天都会出现崭新的使人进步的机会，但是着手行动却很困难，因为想要成为无畏的勇者，首先要鼓起勇气踏出舒适区。

有勇气的人需要拥有做出精准的判断以及制订良好计划的能力。缺乏判断力的勇者简单来说就是愣头青，而经验证明愣头青的下场一般都不会太好。

所以，务必提前在脑海里制订好计划，因为这个计划将是你在鼓起勇气行动时唯一可以参考的东西。如果可以的话，一定要挤出时间提前演练，这种付出绝不会白费。很多人以为他们初次尝试便可以成功；相信我，只有提前规划好并严格按照计划执行，才会得到理想的结果。

还记得你第一次邀请别人约会的模样吗？你紧不紧张？你在开口前是不是心里非常害怕被对方断然回绝？你为了约会是不是赌上了很多东西？如果被拒绝的话，你会不会大受打击，就像世界末日来临了？你有没有花上好几天琢磨自己应该说什么，事态应该如何发展，以及在你朝着对方开口后所有可能发生的结果？

说实话，这种精神上的角色扮演是很正常的：所有人都曾这么做过，只不过绝大多数人并不会每次都在事前进行这样的深思熟虑。那么问题来了——我们为什么不每次都事先进行角色扮演呢？如果接下来将要面对的是重要的大事，那么事先好好准备一番自然十分有必要。由此可见，提前准备好应对事态所有的可能性可以帮助你掌控事情的发展，还可以增强自信和勇气。

始终如一的勇气可以发掘出人们体内最好的一面。

想要充满勇气的前提是敢于在自己身上下注。人的判断会随着循环往复的练习而纯熟；反复的练习则会令人大胆地采取行动；而采取行动的次数越多，人们就会越发地感到内心充满勇气、生活更加充实。

各位亲爱的读者，请勇敢一点，做一个敢于为了在职业生涯中更进一步而承担风险的人。这样的人更容易获得他人的认可。

5. 充满好奇心

　　多年以前，我曾经组织过一个小沙龙，叫作"好奇心俱乐部"。聚会的地点一般定在酒吧里，会员们可以边喝酒边探讨大家感兴趣的事情。那个时候的我们每个人心中都怀着许多奇奇怪怪的问题，不过因为我们都不是学理工科的，所以讨论问题时的深度和提出问题的复杂程度跟专业人士相比肯定是班门弄斧。

　　我们讨论的基本都是"为什么宇宙看起来是黑色的，而不是别的颜色"或者"布谷鸟偷完其他鸟的蛋以后为什么能够逃避制裁、逍遥法外"之类没什么水准的问题。这里，我想要给自己辩解一下，毕竟连牛顿这样伟大的思想家也是从"苹果为什么向下落"这样的小问

题开始，然后以此为基础，逐渐引申出更富挑战性的难题的。

奇怪的是，我精心策划的小沙龙没过多久就自动解散了。为什么呢？我想大概是因为会员们都"精疲力竭"了；也许是没有人能提出可以勾起大家兴趣的问题了；要不就是大家都一致认为"这么费劲讨论有什么意义呢，反正也改变不了什么"。

现在回想起来，类似的情况在我的生活中绝不仅发生过一次。人的注意力会随兴趣转移，想要将一生奉献给某件事情需要大量的精力；想要改变任何事情都需要拥有提出更好的问题的能力；想要提出更好的问题则需要对一切事物都保持好奇，同时拥有提升个人能力的野心。

拥有好奇心给你带来的将是你前所未有的解决问题的能力；如果能够解决问题的话，就一定会被人认可。

"为什么？"这是个非常简单、基础的问题，人们在很小的时候就学会发问了。但是当人们成长到一定年纪后，却突然连看似很简单的"为什么"都问不出口了。在没人提出问题的世界里，世界永远是一成不变的。假设你是一名销售人员，如果不主动问客户有没有需求的话，是永远得不到订单的。

这世上有数之不尽的问题和数不胜数的提问方式，请你至少对"问什么"和"怎么问"保持好奇。好奇心会带领你进入一个全新的世界，在那个世界里，被认可是一件稀松平常的事情。

6. 有抱负

　　雄心壮志可以说是被人认可所需要的前提条件中最显而易见的一个了。说实话，它真的太显眼了，我在撰写本书的时候差点都忘记写有抱负对于获得认可的重要性了。很多时候，人们会忽略眼皮底下的东西。

　　如果能将野心和决心完美地结合起来，让它们能为自己所用，你在成功登顶前就绝对不会半途而废。

　　每位成功者的背后都有着强大的进取心在驱使他们乘风破浪、披荆斩棘。不论输赢都时刻保持乐观，尽自己所能根据结果和反馈来改进自己的表现，谋求下次能够进步。

渴望获得认可的人心中的进取心就如同火花一般，在合适的环境里，不费吹灰之力即可让体内全心全意做事的欲望像干柴一样燃烧起来。

所有人生来都拥有至少一种天赋或者特长。我们的职责便是找出自己的特长，开发它们，然后发挥自己的特长来帮助他人。很多人不是没有进取心，只是他们还没有发现自己的天赋而已。

除了进取心，我们的体内还蕴藏着许许多多的特长。很多时候我们会习惯性地首先试着从外部寻找解决问题的方法和答案，往往却忘记了其实问题的关键就在自己身上。

顺带提一句，找到自己的天赋后，你自然就会开始想要发挥自己的特长，好让自己在生活或工作中能够更进一步。

7. 发掘自己的特长

善于发挥自己的特长远比死死盯着自己的短处有效。

既然大家都对这个道理没什么疑虑，那么请你先来试着回答以下问题，借此机会摸清楚自己的特长吧：

- 你热爱做哪些事？

- 做什么事可以令你感到身心愉悦？

- 哪些事情会让你真正地兴奋起来？

- 你在做那些事的时候会沉浸其中感觉时光飞快吗？

- 什么时候你觉得自己无人可挡？

- 你在上一次感觉做事无比顺畅、好运连连时是在做什么?

当你在思考这些问题的答案时请顺便想一想，假如你能够多做一做这些事情，与现在相比你有没有可能成为一名更好的人? 你有没有感觉自己更开心了，更享受干活并且不觉得紧张了? 你能否肯定地说，自己与之前相比能够更好、更快、更多地处理任务了?

如果回答是肯定的，就请你鼓起勇气，做出一些改变。社会里从不缺乏畏畏缩缩、敷衍了事的人；全力以赴、不留余力地做事是每个人生来就背负着的责任。

熟知自身的特长，并且知道如何发挥自己的特长可以让人获得梦想中的认可。成为某个领域的专家也远比什么都懂一点但什么都不精通的杂家要强；深爱一个人，一生忠贞不渝给人带来的快乐远大于和所有人都是泛泛之交，没有能够交心的朋友。善于运用特长所积累的能量可以让人在获得认可的道路上势不可挡。

所以，尽快找出自己的特长并学会如何利用好它们吧。和与你互补的人搭档可以让你在奋斗时事倍功半；由此可见，最佳的策略是组建起专属于你的团队或者部

门，让每个人都能尽情发挥自己的闪光点。除此之外，尽量多地让自己处于专心致志的状态。锻炼自己的特长除了有助于提高自身的表现，还可以激励他人，使他们同样为获得认可而努力。

8. 富有创造力

　　创造力是人人皆有的天赋之一，每个人或多或少都有些想象力，只不过掌握的程度不同罢了。在脑海里浮现出想法，不论好的想法还是坏的想法，从来都不是少数人的特权。

　　人类发明的所有事物均是人类想象力和创造力的产物。

　　实话说，从来没有规定说人必须成为画家、作家或者手艺人才能有创造力。只要闭上眼睛沉思，忽略掉脑海里喋喋不休的自言自语，就能控制自己的想法，想一些有意义的事情，而这正是有创造力的体现。只要一直

这样坚持下去，过不了多久就能感受到变化。

正如好奇心那一节中提到的，能够提出更好的问题可以令人看到过去看不见的点，而后得以创造出新的篇章。

"光靠与既成的事实角力无法改变任何事情。只有建立新的模型来淘汰旧的，才能有机会做出改变。"

——巴克敏斯特·富勒（美国著名建筑设计师）

这里所说的改变并不特指能让人类命运天翻地覆的大变化，办公时改用更便捷的工作流程同样可以算改变。

让人做出改变的最基本的原因正是渴望进步时迸发出的创造力。一直保持这样的创造力吧，应得的认可就是对你持之以恒的努力的回报。

—————— **获得认可计划** ——————

既然已经大致了解了自己是什么样的人，那么现在正是开始执行"获得认可计划"的绝佳时机。全书最困难的部分可能就是弄清楚自己到底是个什么样的人。这不是一件很容易的事，所以不用着急，慢慢来。

章	你现在是什么样子	你想变成什么样子	你将要做什么
第1章 你是怎样的人	热心却又悲观厌世	看起来充满热情，拥抱积极的态度	在下次开会的时候谈一谈自己的新想法，跟同事聊聊最近顺利的事
第2章 你如何对待他人			
第3章 你该做哪些事			
第4章 你应如何表现			

第 2 章

你如何对待他人

本章我们将重点探讨一些良好地对待其他人的方式；这些待人接物的方式可以拉近并增强你和周围人的关系，让你因做自己或者自己想成为的人而被认可。

我想再声明一下，本书鉴于篇幅所限，没有办法涵盖所有可行的待人接物的方式。但是我敢保证，你一定能够从本书里学习到许多有用的观点和知识，除此之外，还可以对如何运用这些知识来获得认可产生全新的认识。

9. 认真倾听

当今社会，认真倾听这项优秀的技能似乎已经是过去式了——人们正在逐渐丧失这项看似简单的技能。

正如知名企业管理学家史蒂芬·柯维说过的："大部分人不是为了理解对方的意图而倾听，而是纯粹为了回复对方才强迫自己去听。"

他说的可真是太对了！

你有没有发现，在日常生活中，人们经常只听到几个关键词，甚至连对方的话语背后蕴藏的含义都不理解时，就急匆匆地回复对方，仿佛快速接上对方的话茬便能让自己显得很专业、很聪明一样。请你想象一下，当两三个人在讨论某个问题时，为了让自己的意见能够盖过其他人的意见从而导致音量在不知不觉中渐渐升高的模样。这便是我们在"商讨"问题时的场景。没有人可以听清楚对方到底说了什么，反正在这种场合下也没有人在乎对方说了什么！

这种情况极为普遍。这也许就是我们经常自问自答的原因：我们总是自认为比对方更优秀，懂得比对方更多；而这种莫名的优越感往往会令我们错误又可笑地认定自己不用猜就能知道对方会提出什么问题，接下来便开始自顾自地回答我们想象中的问题。仔细想想，在生活中我们经常能听到"我知道你想说什么，但是……"或者"我说的你可能不爱听，但是……"之类的话，对吧？

你可能听过一句谚语："人有两耳一嘴，使用它们时也应当按照这个比例来使用。"如果没有在聚精会神地倾听，或者主动去听人讲话，那么你必然会遗漏对话中大量的信息。主动听讲需要精力、耐心、目的、理解、怜悯和兴趣。除了这些，当然还有最基本的愿意拓宽你的视野的兴趣。

心理学家发现，当我们在仔细倾听的时候，大脑会自动地过滤掉背景里的杂音，让重要的部分仿佛站在聚光灯下一样，完完全全地暴露在我们面前，这样一来我们便可以更加轻松地从扑面而来的大量信息中摘取自己感兴趣的信息。接下来，我们会自然而然地，甚至好像这是理所应当的一样，把刚刚得到的信息按照自己既有的成见过滤一遍；但凡是不符合我们偏好的信息基本上都会被我们的大脑直接忽略掉，只留下自己认定的"真理"。

人类的精神可以归纳为两方面——扩张和成长。人类对于变大和变强的渴望深深地刻在基因里，只不过在日常生活中，我们通常会想方设法地去抑制我们的本性。当你在和别人对话时，一定要集中注意力，认真去听对方所说的每一个字，务必不要掉以轻心，不能放过对话中任何微小的差别；多留意对方的语气、语速、声调、音量、肢体和表情发出的信号，甚至连对方磕巴或者重复的地方都不能放过，因为很多时候重复的地方正是对方在潜意识中想要强调的重点。如果在电话里和对方聊天，那么请务必加倍努力地去听对方说话，因为你所听到的将是你手头上能够得到的仅有的信息。

现在，你应该已经知道倾听时多加留意每个细节的重要性了。只要在倾听的时候留个心眼，我敢保证你会因此受益匪浅。想要成为一名优秀的倾听者，饱满的精力和不间断的付出必不可少；而这些付出与成为优秀的倾听者所带来的好处相比根本不值一提，因为这些付出的回报是获得他人的认可！

你有没有过某次参加活动，与陌生人交谈时发觉对方充满礼貌地听你说话的经历？在和他们分别后你一定会想"他们可真是有礼貌的好人"吧。假设下一次参加活动时，你很有礼貌地聆听了对方说话，那么你觉得自己会给对方留下什么样的印象呢？

10. 不要推卸责任

推卸责任这种文化仿佛在每个国家都存在。"这件事不怪我，都怪……"

省略号后面你想填什么词都没问题，可以是经济、管理层、公司、竞争、年龄、性别，也可以是所处的行业、朋友、老板、时机……

除了自己，其余所有的事情都可以被我们当作坏事发生的理由。人类下意识去埋怨、怪罪他人的性情和宁死也不愿意承担全部责任的心态是相辅相成的。

如果你能按照我接下来说的去做，虽然可能依然没法避免所有的坏事发生，但至少可以改变自己在面对失败时的心态和弥补既成的损失以及尽力挽回局面时的方法。

如果想要让自己不再怨天尤人，就要做到不论遇到什么事，都尽量往好的那一面去看。正如拿破仑·希尔（美国成功学大师、励志书籍作者）在他所著的《思考与致富》中提及的："每一次不幸、每一次失败、每一次痛心都会孕育同样或更大的成功。"

丹尼斯·威特利博士（美国演讲家）也曾说过："不论何种情况都能最好地利用事情的结果的人，遇到事情时的结果会更好。"

真是至理名言啊！

看到这里时，请你停下来思考一下，如果想要改变自己经常性地将做事不顺利的原因怪罪于所处的大环境的坏习惯，你可以从哪些方面着手？可否找别人聊聊、转换策略、改变态度、调整方向，抑或是换一份自己爱做的工作？

埋怨环境或者怪罪他人只会令你失去自己的力量和对情况的控制。停止纠结外因可以让人腾出精力去做更多的事，做回真正的自己并因此获得认可，以及朝着自

己理想的样子去努力改变自己。

　　稍稍改变做事的方法即可为你的现状带来巨大的改变。归根结底，停止怪罪他人这种坏习惯的关键是不再逃避，勇敢承担起自己的那部分责任，所以你可以试着"早出晚归"——在会议前预习内容，像其他人一样仔细阅读会议大纲，而不是毫无准备地参加会议，避免自己在被问及对会议的议题有何看法时一脸茫然，无从作答。

　　在心里一定要牢记这点：如果提前规划好下一步，你就很有可能变成别人计划中的一环。所以不要再怪别人心思太重，成天就会算计你，而要趁早制订自己的计划，让别人也能为你所用。

11. 有同理心

能够理解他人，与对方产生共鸣是一种非常棒的品质；这种理解别人的品质并不是软弱的象征，而是坚强和对与你一起共事的人足够了解的体现。

因为富有同理心而获得人们的认可，可是个了不起的成就。迄今为止，因为有同理心而被认可的人即使不是寥寥无几、屈指可数，也可以说是百里挑一了。想要因为有同理心而被人认可除了需要时间、耐心，还需要乐于换位思考、从他人的角度看问题的意愿。

"想要摸清客户会买什么，首先要假装自己是客户。"很多年前，我在某门销售训练课中听到了这句谚

语。直到现在，我才真正意识到这句话背后所蕴含的真正价值。从客户的角度看问题需要拥有细致入微的洞察力，这种时候光靠揣测对方的意思是绝对无法得到想要的结果的。只有将自己放在客户的位置，从客户的角度来思考客户的需求，最终才能发现潜在的商机。

如果能够时不时地跳出自我，从不同的角度看问题，你一定会受益匪浅。如果能意识到"同理心"在这里其实是从对方的角度来看问题，你就会引起别人的注意。除此之外，你还能够更好地理解你的工作可以给周围人带来什么样的影响。只要能够熟练运用这个法则，你便能获得你自认为应得的认可。记得时不时地问问自己：你现在的情况是什么样的？你需要站在谁的角度看问题才能得到想要的结果？

同理心还意味着待人和善。你最后一次在工作中向别人流露出友好和善意是什么时候？在家庭或者其他地方最后一次这么做又是什么时候？一般来说，仅仅是因为觉得方便或者遵循流程才向旁人流露出善意的可能性微乎其微，只有自己真的想要表达自己的善意，身体才会根据这样的信号来做出相应的动作。

想要自然地流露出这份真诚的善意，而不是被人当作假惺惺的伪善，你一定要让自己展现出对他感兴趣的态度。你可能觉得这份善意并没有什么大不了的，但是在当下这个快节奏、充斥着自我为中心的人的社会里，这样的善意着实非常罕见。想要拥有同理心需要时间和野心，但是与任何技巧一样，只要勤加练习，就一定能拥有同理心。随着时间的推移，你会发现探寻潜在的机会去尽心尽意地对人友善、体贴和富有同理心更容易。

想要因为富有同理心、与人和善以及周到体贴而获得他人的认可，你一定要先确定对方的需求，把握机会然后及时行动。只要这样，你就可以将自己提升至全新的层次——一个只有少数精英才能达到的层次，而你将不会是唯一一个庆幸你终于成功攀登至新高峰的人。

12. 乐于助人

这一节的标题说得很简单明了。抽出一点时间，或者最好预留一点时间，来帮助别人就足以令你赢得认可。向别人伸出援手其实与你在剧场里观看的那些精彩绝伦的戏剧表演一模一样——表面上看起来演员们所有的动作和对话都是自然发生的，但其实在这场流畅的表演背后，演员们早已按照缜密的剧本排练过无数次，连细枝末节的小事情都力求完美，只为了将演技尽力打磨至完美无缺，力求让整场表演看上去自然、顺畅。

帮助他人也是这个道理。你可能一眼就看出了对方在哪些方面需要你的帮助，在这种情况下，你在心里就应该用老戏骨的标准来要求自己，提前计划好接下来要如何帮助对方，然后自然而然地在需要的地方向他伸出援手。这样一来，获得你的帮助的人一定会觉得乐于助人是你与生俱来的良好品德。除此之外，还要对每个人都一视同仁，不论高低贵贱；被你帮助的人最终会以他们力所能及的方式来感谢你。别忘了，别人的一句"非常感谢"不正是被认可的体现之一吗？

当你阅读到这里时，请闭上眼睛回忆一下，你在上学的时候最喜欢的老师是哪一位。我猜他大概率是那种讲课时风趣幽默，遇到提问时不会故意为难学生，不论课上课下都尽力留出时间给学生答疑解惑的老师吧！

尽量让自己因为乐于助人而被其他人所铭记。就像你最喜欢的老师那样被你铭记在心里，也是被认可的体现之一。

13. 尊敬他人

　　和热情如影随行的是向他人表示尊敬。不论周围的环境、你的心情和当前的时机如何，一直保持着尊敬周围人的态度都是至关重要的。

　　我见过太多的人一辈子都在绞尽脑汁，想让自己被人尊敬。他们之中绝大部分人冥思苦想后得出的结论就是只有身处高位，拥有了令人眼馋的地位，才会受到别人的尊敬。这种想法真是既可笑又可怜。

　　我们从小就被教导要尊敬长辈，但这背后的原因是什么？我们从小被教导要尊敬权威，即使不认同他们的观点也要如此，这又是因为什么？从父母到警察、老师、医生甚至同事，仿佛我们周围的每一个人都是脑海里那个隐形的需要尊敬的人名单上的一员，这到底是为什么呢？

你一定问过自己这样的问题。

到底有没有人告诉过你尊敬到底意味着什么，你可以如何赢得并保持住别人对你的尊敬。花几分钟好好想一想吧。

人是没有办法把自己没有的东西送给别人的。既然如此，我们该怎么做才能赢得别人的尊敬呢？只要掌握了赢得别人尊敬的技巧，那么接下来我们自然可以体贴地向那些值得我们敬佩的人表示敬意。

话说回来，不是每个人都值得我们的尊敬。并不是每个有权有势的人都值得尊敬。尊敬不像勋章、官衔或者职位，从来没有哪条规定提到过只要你升到了某个职位就一定能获得他人的尊敬——因为尊敬是靠努力赢来的。

很多人觉得他们获得了尊敬是因为这是他们应得的，不论他们是以何种方式获取的尊敬。其实，他们很可能只是因为活得比别人都长久，或者出生的时候含着

金钥匙而被人尊敬。

人们还往往会把被人尊敬当作一种外在的体验，但是实际上，尊敬其实是种内在的体验。如果能为自身的特质或者达成的成就感到自豪，你就一定可以做到自尊自爱。这样一来，从他人身上找出值得为他们感到骄傲的事，并向对方展现出自己诚挚的敬意便不是一件难事了。

尊敬对方不代表一定要喜欢对方，或者认同对方做过的所有的事情。只要着重关注对方好的那一面，那么你迟早会从对方身上找出一两件值得尊敬的事情。想要尊敬别人，得先从尊敬自己做起。换句话说，自尊自爱是尊敬他人的基础。

自尊是你应得的那份真正的认可，而认可则是尊敬的必要前提。

14. 爱与被爱

爱生活，爱工作，爱客户。

听起来很简单，对吧？可惜的是，在现实生活中，很少有人能够真正地做到这句看似简单的话所表达的意思。对于很多人来说，他们单纯是为了有一口饭吃才工作，而不是因为热爱他们的职业。大多数人选择了他们当前这份工作的真正原因仅仅是当他们在找工作的时候，只有这些公司向他们伸出了橄榄枝，绝非是因为他们觉得这份工作与自己最匹配。

本节的主题"爱"可以从三个方面来切入：更爱同事，更爱自己，更爱工作。

我认为，这三个方面之间是有着紧密的联系的。试想一下，如果对于每天要做的工作都喜欢不起来的话，你对自己的各方面就会充满不满情绪。如果每天都过得如此不开心，那么想要做到自爱，谈何容易！在这种状态下，你在接到工作后一定会满怀怨气地不断发问"为什么（要我做这个）"。如果一直对自己当前的状态和境遇不满的话，那么你想要去爱自己的同事，那些与自己一同在获得认可的旅程上奋斗的同事，就更是不可能的事情了。

不管是爱什么人，首先你都要做到自爱（和上一节谈到的自尊一模一样）。因为人类没有办法凭空给予他人自己都没有的东西。

只要能做到更爱别人，能够按照别人的意愿对待他们，乐意花时间和精力去陪伴他们，并且流露出对他们感兴趣、愿意了解他们的样子，你就会获得被你善待的人的认可，并被他们一辈子牢记在心里。

然而，像上述那样温柔体贴地对待别人的前提是做到按照同样的标准来对待自己。所以，兜兜转转之后，我们又回到了本节的起点——要想对别人好，先要爱自

己和自己所做的事情。

　　最困难的部分永远是决定自己最爱做的事情是什么，而不是怎么去做自己爱做的事情。解决了这个难题之后，你在干活的时候就会更像在享受生活，而不再是简单混口饭吃了。热爱自己工作的人不用耗费精力在抱怨和压抑自己的坏情绪上，所以他们可以挤出精力来帮助别人，用合适的方式为自己的生命增添一些价值。不论是作为一名护士，还是一名木匠、银行家、教练……当你选择了合适的职业后，你便会发现，曾经缠绕着你的坏运气突然被一扫而空了。

　　不论做什么工作，都试着让自己爱上它吧！这样一来，你周围人便会以各种方式的认可来回报你对工作和其他事情的热爱。

15. 感恩的心

　　另一种快速认识到自己是谁、自己想要什么、自己如何对待他人以及自己想要成为什么样的人的方法是写感恩日记。怀揣着对世间万物的感恩之心，是学会向别人表示感激前最基本也是最重要的一步。

　　奇怪的是，很多人在需要向他人表示感激的时候，都会突然变得扭扭捏捏，支支吾吾半天说不出话。这个现象困扰了我很久，因为我曾经也是这样的人。经过多年的观察和思考后，我得出的结论是，这背后的原因可能是我们在潜意识里已经把别人在我们遇到困难时给予我们的帮助当作一种理所当然的行为，是对方欠我们的东西。这种心态非常危险，因为无数令友情破裂的矛盾都是由此产生的。

要想改变这种心态，可以从感谢身边的小事开始。如果总觉得工资是公司欠你的，你就不会感激只有在工作中才能学习到的技能和偶遇的机会。

华莱士·沃特莱在著名的成功学宝典《失落的致富经典》中写道："整个精神调节和赎罪的过程可以总结为一个词——感恩。"

所以当你感到精疲力竭，被生活的重担压得喘不过气，或者觉得被人辜负了的时候，化解难题的第一步应该是全面分析问题的所在，然后再翻翻自己的感恩日记。

获得认可计划

既然已经有了第1章的基础，现在你可以思考一下自己是如何对待他人的，以及为了获得认可，自己有哪些地方需要改进。

章	你现在是什么样子	你想变成什么样子	你将要做什么
第1章 你是怎样的人	热心却又悲观厌世	看起来充满热情，拥抱积极的态度	在下次开会的时候谈一谈自己的新想法，跟同事聊聊最近顺利的事
第2章 你如何对待他人	礼貌斯文但总是置身事外	更加乐于助人，并对与人交往产生兴趣	本月里抽出时间约团队里的同事，逐一出来喝茶聊天
第3章 你该做哪些事			
第4章 你应如何表现			

第 3 章

你该做哪些事

在分析你身上具有的特质时，逐个分析你曾经做过的事情，是最直接、最全面的获取信息的方式之一。很多时候，一件小事也能造成影响巨大的蝴蝶效应。在某些特殊的时候，甚至你什么都不做，同样会给周围人带来影响。别人可能会忘记我们说过的话，但是我们做过的事，和给他们留下的印象却总是会被清楚地记得。

16. 注意细节

细节决定成败。杰出的人能够从优秀的人中脱颖而出，正是因为他们拥有对微小的细节也不放过，力求将每件小事都做到完美的精神。因此，要想做得比别人更好，首先，你一定要认真去做手头上的每件事；其次，你一定要在内心里渴望能够脱颖而出；除此之外，你一定要想办法让别人记住你是一个优秀的人。

与很多其他的特质不同，优秀是有着明确标准的。因此，务必把给自己立下的标准定得高一点，按照定好的标准来严格要求自己，告诉自己只能胜，不能败。在你的字典里，不能有妥协二字，因为妥协意味着你面临的将会是碌碌无为的一生。

务必确保出自你笔下的每一份文件的写作标准都要达到，甚至超过你在之前给自己定下的标准。不要觉得所有人都会像你一样对自己严格要求，因为能够做到严格要求自己，正是优秀的你和平庸的他们之间的区别。你在发送所有签署了你名字的文件前都要多检查几遍，确保每个标点符号都准确无误。因为这些信件从侧面反映出了你对细节的把控，是你做事细致入微的证明。

细节带给人的印象，不论好坏，都是日积月累才形成的。所以请记住我说的，在做事的时候坚持始终如一，因为周围人都在盯着呢！

你在看电影的时候有没有发现过穿帮的镜头？你在看书的时候有没有看见过很明显的错字？你可能会问："怎么可能？剧组花了这么多人力物力还没看出这么明显的穿帮？"虽然对于大部分人来说，少数几个穿帮镜头可能并不会影响电影整体的观感，但是在接下来的时间里，观众们一定会更加留心电影里剩下的穿帮镜头。

所以，别让低级失误影响你的形象，尽力朝着因为优秀而被认可的目标努力吧。多花点时间检查细节，好维持长久以来给别人留下的良好的印象。

　　记得多留意周围人对你的口碑。营造良好的形象需要大量的时间和努力；而在网络和社交媒体极为发达的当下，看似牢不可破的良好形象可能在一瞬间就会崩塌得烟消云散。良好的口碑和形象是自信的奠基石，所以保护好它吧。

　　发送文件前务必三思，因为只要发出去之后，它对你造成的影响将是不可逆的；如果因你的失误造成了不好的影响，那么不用说也会知道，别人一定会开始戴着有色眼镜来看待你。只有做到在乎别人的想法，别人才会觉得你真的在乎。

17. 学会主动承担

主动承担会有风险吗？有时候会。不过，主动承担责任的确是个保证能够让你从众人中脱颖而出、获得认可的好方法。在合适的时机主动参与合适的项目，极有可能会让你在探寻认可的旅程中前进一大步。

所谓合适的项目，并不一定是拯救地球、避免人类灭绝之类的只有超人才能办到的任务，一些简单的日常工作，像洗盘子或者为同事们泡茶之类的小事，同样可以让你给人留下良好的印象。

干活的时候从不大惊小怪，而是静静地埋头苦干的人可以调节周围的气氛，令旁人也更容易心平气和地做事。反之，如果接到任务后便四处张扬，希望博得领导的眼球，这种人一定会因为爱邀功的性格而被人厌恶。

除了主动，做事有持续性也很重要。既然主动承担了任务，就一定要对事情负责，做到有始有终。如果接下任务后却动不动就找借口逃避责任，只会令人怀疑你的动机。但是同样要注意，千万不要让人认为你主动承担的任务都是你应该做的，旁人如果产生了这种想法，那么你的主动付出便无法获得应得的认可。很多时候，自己无心的善举可能会发展成意料之外的噩梦。

那么，如何维持自己乐于助人、主动承担任务的初心，同时又能让自己、领导和同事都认定你的主动是有意义的，并认可你付出的汗水呢？

你的主动一定要有价值和意义。所有人都只拥有有限的资源（不论是时间、精力、金钱还是热忱），想要最大限度地利用这些资源来达到目的，必须有良好的行动规划。

的确，这听起来可能显得你心机太重，过于算计了；但是，绝不能掉以轻心，因为在现实中，想要让你的主动获得认可，只会比书中描绘得要更困难。

　　这就是为什么拥有能够分辨出哪些任务是日常工作，哪些任务是可遇不可求的机遇的能力的人，才可以有所作为。把精力留给合适的任务是赢得认可的关键因素之一。

18. 引人注意

听起来很容易，但事实真的如此吗？

当做错事的时候，如迟到、工作时表现差劲或者错过任务的截止日期，远比严格按照高标准、按时完成任务更容易引起别人的注意。

因此，你需要好好考虑自己的个人影响力（绝大多数人都没考虑过这个）。我希望你能思考一下，你该怎样做，才能在做了好事后引起别人的注意。被人青睐，有助于令你在激烈的竞争中一马当先。

首先，不要迟到，不要在工作中表现不好或者错过任务的截止日期。

　　说到这里，让我们先来回顾一下本书的主题：如何获得你自认为应得的认可。如果完成某项任务需要耗费大量的时间、精力，而且你觉得自己付出的努力理应受到众人的称赞和认可，那么你需要做些什么，才能从旁人的口中赢得那句"谢谢"呢？

　　当然，具体方法需要根据你所处的情况和完成的任务而定。这里我先举一个简单的处理订单的例子：如果对这项业务的流程已经很熟练了，一般花费20分钟就能搞定。很多人做到这一步就结束了，但是作为优秀的你，可不能就此罢休。

　　接下来，你需要给客户发邮件，提醒他们订单已经在路上；然后通知业务人员，告诉他们这一笔销售业绩已经录入系统。这么做一定会让你在客户和同事心中产生正面的影响。很多时候，正是这种看似不起眼，仅仅是顺手而为的额外操作反倒可以给你带来意料之外的良好反馈，并且增强你的自信。有时候，光是让客户和同事知道你在后台帮忙操作，就能让他们感觉获得了用心并体贴的服务。

　　但是，也别表现得过于阿谀奉承了——体贴的同时要留意自己的表现是否还算适度。这种耗费不了多少精力，但又可以令你引起他人注意的小技巧，对你未来的职业发展十分有用。

务必确保旁人对你的印象是有始有终、擅长完成任务的。对了，别忘了提前制订好计划。缜密的计划不但会令你在行动的时候有东西可以参照，还可以让共事的同事同样显得做事有条理。他们绝对会因此而感激你。

19. 积极参与活动

　　你会说:"别做梦了!"产生这种想法并不奇怪,毕竟没什么人会乐意浪费宝贵的精力,去参加不一定对自己的职业生涯有所帮助的活动吧!所以,我们要动动脑筋,分辨出哪些活动值得我们参与,毕竟想要参与工作中的每个活动,不论是从时间还是精力上来看,都是不可能的。所以,不用说你应该也知道,要优先挑选"关键"的那些活动去参与。参加任何活动前都要深思熟虑,带着明确的目的行动;让自己做的每件事都能契合不断完善中的大师计划,最好做的每件事都能引起别人的注意,以及帮助你获得认可。

　　需要注意的是,光靠做这些事是远远不够的,还要怀揣端正的态度，把这些事做到完美、做到极致才行。

请问：你是做什么的？是消防员，还是急救人员？是项目经理，还是学校知识竞猜队的成员？不论你身处哪个行业、哪个岗位，只要能够积极参与各种活动，相信我，你迟早会获得认可。

你最擅长做什么呢？你可以在哪些领域帮助别人的同时令自身的发展更进一步呢？你第一眼可能看不太出来帮助他人和提升自我之间的联系，不过只要你能跳出固有的思维模式去思考它们之间的联系，一定会恍然大悟、豁然开朗。

对大部分人来说，每周不厌其烦地检查火灾警报器可能并不是一份有意思、值得投入精力和感情的工作。但是，这份枯燥无味的工作可以很好地衬托出你细致入微的工作精神，以及你坚实可靠的个人品质。你的可靠品质，只要能坚持下去，用不了多久，周围的同事就会认定你是那种默默完成任务却从不张扬的人。

依照我自己的经验，你在头几次参加商务展会时，站在公司展台里接待客户的时候，既可能感到有趣，也可能感到无聊（依你的心情而定）。但是这样机械枯燥

的工作背后其实蕴藏了不少价值，只不过它藏在你的眼皮底下，很容易被忽视罢了。在展会上，除了可以遇到新的潜在客户，还可以遇到同行业的竞争对手和上下游的供应商。所以，时不时地离开办公室去商务展会逛一逛，除了可以让你获得许多在办公室里听不到的行业消息，还可以拓展自己在圈子里的人脉。

综上所述，不是每个活动（用不着我说吧）在你努力探寻认可时都能派上用场。好好考虑你的计划、策略和方法。如果某个活动对你的个人发展刚好有所帮助，那么别犹豫，放心大胆地去做吧。不要轻易地被表面上的枯燥或者烦琐吓跑了，一定要着眼于任务可以给你带来的收获，坚持就是胜利。相信我，当你成功完成任务并获得认可后，你肯定会庆幸自己听了我的话，没错过这些大好机会。

20. 加强责任心

　　我知道，这条法则相比书中提到的其他法则，施行起来有不少困难。我猜测有的读者会说："我都忙不过来了，还想让我干更多的活？"有的读者则会说："凭什么要我多干活？"还有一部分读者会问："多干活我可以得到什么好处？"

　　这些都是非常值得深思的问题。回答这些问题前，首先要分析它们所处的语境。你肯定也发现了，你周围的很多人上班时基本上都是在浑水摸鱼，只是因为害怕被开除而完成最低限度的任务，偶尔为了刷一下存在感才在领导面前表现一下；反之，很多公司给员工开出的工资也低到仅仅够维持住业务正常运行所需要的最少

量，这样的薪资只能勉强让员工做好分内的事，完全无法激发出他们主动干活的斗志。这样看来，员工和公司之间倒是维持了巧妙的平衡，对吧！

遇到这种情况时，你的机会就来了——想要让自己脱颖而出，成为被领导器重的那类人，除了要经营好自己的一亩三分地，还要时不时地向领导索要更多的工作。工作做好了，自然就能获得领导的认可。听起来很简单，但实际操作起来，可完全没有听上去那么容易。向领导索要任务前需要制订缜密的计划，然后付出大量的努力，同时精准地按照计划行动，才有可能成为领导喜爱的员工。

公司在制定薪酬的时候有一套完整的评估制度。一般来说，你的薪酬跟以下几条成正比：

1. 工作的内容

2. 任务完成的情况

3. 找人替代你的难度

花点时间去弄明白这几条评判标准吧。你觉得做更多工作能让你获得认可，甚至升职加薪吗？

很多人肩负重担的原因完全是因为巧合：可能是领导在布置任务的时候他刚好有空；也可能是他的上一份工作完成得很棒，给领导留下了深刻的印象；还可能是他在错误的时间出现在错误的地点。总之，突然接到的新工作基本上都是一些意料之外的任务。这些意料之外的任务对于绝大部分人来说不仅是责任，更是一种负担，因为完成这些额外的工作通常非但不会令人得到奖赏，稍有不慎，甚至可能让领导对自己的印象大打折扣。

还记得我在前几节说过的吗？如果没有提前规划接下来的行动，你就肯定会成为别人计划中的一环。而别人的计划向哪个方向发展，就不是你能说了算的。

所以，一定要带着目的承担更多的责任，别做那种来者不拒的老好人。我再强调一遍，好好去想一想，提前做个计划，把自己的目光放远一点。

"人的眼光一定要超越他的视野所能看到的极限。"

——保罗·瓦里纳

21. 代表公司行动

你也许会认为这条法则执行起来应该是小菜一碟，可惜并不是每个人都这么认为。大多数商务活动的时间都会定在晚上下班后，有些甚至会定在周末举行。这意味，这些公事活动必然会占用员工们的私人时间，而我敢肯定，没几个人会乐意将本该留给自己和家人的时间用来出差和参与活动。用私人时间办公事对你来说可能非常不方便，但是我十分敬重的一位业务导师曾经告诉过我："如果对某事很感兴趣，那么你会挑方便易做的那部分去完成；如果对某事很严肃，那么你无论如何都要去做。"

我个人认为，这句话非常完美地总结了这一节的内容。

参加商务活动其实有不少好处，能够给你带来许多收获：你可以见到新的客户、结交朋友和扩大交际圈，还可以拜访不同的地方，也可以体验陌生的文化等。参加活动前记得先检查一下你携带的公司的产品，确保它们一定是你们公司能拿出来的最好的产品，避免让公司和自己在众人面前丢脸。如果参与你的公司主办的活动，那么请务必确保自己在客人面前表现得像个完美的主人，时刻保持微笑，假装自己在舞台上一样，是万众瞩目的焦点。每一次交谈、每一次握手都同样重要，因为你的一举一动都会影响到公司的形象。

只有怀揣端正的态度去参加公司活动，你才能赢得与会来宾的认可。就像我在上一节"加强责任心"里提到的，要谨慎地挑选准备参加的活动，优先参与对自己和公司都有益的活动，要带着目的去参加活动。可以试着用顶尖运动员的思维来考虑参加哪些活动，因为运动员最清楚该如何选择最适合他们的联赛。

参加活动并获得认可后，你就打开了可以通向无数可能的大门。好好维持你新拓展的人脉，并不断开阔你的眼界，总有一天整个世界都会臣服于你脚下（我说得并没有那么夸张）。

22. 学会指导别人

　　你有没有听说过美国缅因州贝索尔市的国家训练实验室研究发布的训练金字塔模型？这个模型的内容主要讲的是平均记忆留存率。记忆留存率，顾名思义，指的是人在学习了新的知识，经过一段时间后，还能记住多少之前已经学过的知识的比率。这个模型表明，从传统的被动学习法改为主动学习法。例如，从传统的学生坐在教室里上课，转变为让学生根据科目主动去阅读相关书籍资料，或者把传统且陈旧的视听教学法（主张视听并用，以学习日常会话为主旨的教学法）升级为现场示范法（令学生通过观察、模仿来学习良好的行为，并削弱不良动作的教学法），可以将记忆留存率从区区5%

大幅提升至30%，而且假如学生能够积极参与小组讨论的话，则可以将记忆留存率提高到75%。不过，要想牢记知识，最有效的方法是把自己已经熟练掌握的知识分享给他人，以及习得了新的知识后便立刻找机会去实践一番。

对于那些想要提升自己的个人形象并获得认可的人来说，教别人简直就是最理想的一石二鸟。通过将自己掌握的，或者对方想学的知识教给对方，从而帮助对方提升能力，你既可以在教学的过程中重新温习并巩固自己的知识和技能，也可以潜移默化地影响别人，让他们按照你的谆谆教诲朝着正确的方向发展、进步。

像专业的教练一样高效地训练别人，可不是一朝一夕便能达到的。既然想要像真正的教练一样训练别人，首先要像真的教练一样严格要求自己。开始的时候记得提醒自己不用紧张，无论是面对单人还是小组时都要尽量表现得泰然自若，做到循循善诱；毕竟你面对的是对知识充满着渴望的学生，而不是吃人的猛兽。

最好能够将自己学生时代最喜欢的老师当作学习的榜样和行动的标准。你肯定想要变成你的记忆中最喜欢

的老师的样子，被其他人热爱、憧憬并牢记吧！被人牢记不就正是你梦寐以求的认可吗？当你日后在工作和生活中不断教导、帮助别人时，被人认可和称赞就一定会像家常便饭一样——因为赢得认可，靠的正是日积月累的行动和孜孜不倦的努力。

最好能把传授知识变成自己的一种习惯，不用每天都当老师，一周一次，甚至一个月当一次老师就足矣。传授知识的过程是双向的——每个人都有知识和经验可以用来传授、分享。你在向他人传授知识的时候，同样也能从对方身上学到新的知识。别害羞！教育他人是人类与生俱来的职责。如果所有人都能主动帮助周围的人，将自己的知识分享给他人，而不是将知识藏着掖着的话，不知道这世界能变得多么美好。

当然，千万不要因为过度专注于传道授业而忽略了你的主业，这背后的原因应该用不着我多谈吧！话虽如此，你还是应该把教导别人当作自己的一种责任，我敢保证，这么做绝对不会让你后悔。

23. 成为良师益友

如果能做到与别人分享自己的经验，那么你便可以将普通的训练升华至全新的高度。知识就像一条波涛汹涌的大河，所以不要妄想能够凭借一己之力将知识的长河截流，让所有的知识只能为你一人所用。俗话说得好，独乐乐不如众乐乐。

你可以当同部门的同事的师傅，也可以在公司其他部门中随机找个新人当你的徒弟，如果条件允许的话，甚至成为别的公司、别的国家的人的导师也完全没问题！

成为别人的良师益友有诸多好处：首先，全力以赴

地教导学徒可以激发出你体内蕴藏的巨大潜能，同时，还可以迫使你想方设法从完全不一样的角度来展现自己。通过指导徒弟解决问题，你可以锻炼自己分析事情的能力——毕竟，作为别人的师傅需要同时从好与不好的方面来看待问题，然后仔细拿捏给出的答案的得与失，最终将问题和答案用最简洁明了的语言呈现出来，好让你的徒弟可以更轻松、更透彻地消化并吸收你传授给他的知识。指导的过程就像一面镜子，你一眼就能看出自己在哪方面还稍有欠缺，进而了解哪些知识对自己个人能力的提升大有裨益。除此之外，被指导的人也能够接触到全然不同的新观点。这些崭新的观点有助于他们提升个人能力，感受个人价值，让他们意识到自己并没有被所有人轻视，而是还有着像你这样的人在关注、呵护他们。你的悉心教导给他们带来了鼓励，赋予了他们希望，而他们从你身上获得了关怀和自豪感后，行动和表现必定会和之前相比大有不同。

当然，上面提到的只是最完美的假设。没有哪位师傅天生就经受过成为人生导师所需的训练。即便你非常擅长做某件事，也并不代表你在指导别人时一定会是个好老师、好教练、好领导、好顾问。举例来说，很多顶尖的足球运动员在退役成为教练后，带队的成绩却远不如自己亲自上场的时候，而不少带队取得冠军的优秀教练自己踢球的水平却只能用平庸来形容。

作为一名优秀的导师，毅力和决心必不可少，因为很多时候，最初的承诺会被生活逐渐消磨殆尽。待到最初的热情消散后，导师们就会变得不再热衷于传递知识。我个人就有过类似的经历——导师们总是不愿意安排下一场会面，即使约好了时间，也总是有各种理由，临时把会面取消。即使真的决定要见面了，师傅到场时也经常表现得心不在焉，明眼人都能看出他们的心思根本不在学生身上。

既然决定了要当别人的师傅，就要全力以赴、做到最好。面对拥有如此巨大潜力的大好机会时，千万不要敷衍了事，要有点自尊，因为你的教导可能会改变另一个人的人生轨迹。最好能提前学习成为优秀导师的要点，别变成前文提到的那种没了兴趣后就不现身的"毁人不倦"的导师。如果真的成为善于分享知识的导师，那么你一定会赢得学生们的极大认可。

24. 高效地开会

　　本节能讲的内容实在太多了，用一整本书的篇幅都写不完！在本节里，我想要讨论的重点是你可以从高效地开会中获得哪些益处。

　　那么，所谓高效地开会应该根据哪些标准来判断呢？首先，要准时。把准点开始、从不拖沓设定为自己安排会议的标准；手边随时备好日程表，这样一来，如果计划稍有变动，就能第一时间被反馈在表格上，好让你更高效地及时通知与会的各方人员。尽量在最紧凑的时间里办最多的事，不浪费一分一秒。牢记，只通知必要的人参加会议，不要给不相关的人乱发邀请。这样做既可以免去逐一通知每个人的操劳，还可以大幅节省统筹协调会议时间时耗费的大量精力。久而久之，别人一定会留意到你对他们的时间和工作的尊重，意识到你与普通的会议主办人的不同。

如果在参加别人主办的会议时，发现主办人的组织协调能力尚有欠缺，远达不到你的水准，那么请你及时伸出援手。可以试着在下次开会前主动帮助对方协调会议的时间和主题，让他们见识一下，一场标准的优秀会议应该是什么样的。

最重要的是，找到对你而言最顺手、最有效的方法。

如果你所在的公司中充斥着冥顽不灵、与社会脱节的老顽固，导致你每天被迫参加数不清的没有意义、纯粹是浪费时间的会议，那么我强烈建议你用另外一种思维来改变他们的想法。可以从参加公司活动时试着多与人交流、多观察别人的行动做起。当然，你的主要精力还得放在活动的内容上，但是尽管如此，还是要留个心眼，默默地观察并总结别人做事的风格、行为举止和思维模式。你在上生物课时有没有学习使用显微镜？你在公司活动中观察的对象好像就是你在显微镜中看到的培

养皿里的微生物一样，身上的一切都一览无余。所以，要抓住机会，从尽量多的方面观察同事们的行为举止。单是观察别人的动作，就可以给你带来无尽的优势，让你在职业生涯中可以表现得游刃有余。

只要按照上述要求来要求自己，就能在同事们的心目中留下你是一个坚持会议的质量大于数量的人的印象。不用说也知道，每个人的精力都是有限的，但是在工作中，每天却有无数会议在等着我们：部门会议、跨部门会议、销售会议、管理层会议、董事会会议、客户会议、启动会、展会、公司大会、头脑风暴、两分钟的简报会，以及两天的研讨会……既然我们耗费了这么多时间和精力去参加各种会议，那么我们最好能从这么多的会议中获得一些真正有价值的东西。把这一大段话浓缩成一句话，就是"让每一场会议都做到物有所值"。

说到这里，你还觉得开这么多会真的有必要吗？我想答案应该很明了了。最好让自己学会判断什么时候开会可以提高人们的生产力，有助于项目的推进，而什么时候不应该开会，以避免无端耗费人们的精力，让人们可以更好地工作。终有一日，你会因为拥有这项能力赢得领导和同事的认可。

25. 持续跟进

　　每次谈这个话题的时候，我一不小心就会下意识地从销售的视角来看待它。真是不好意思，谁叫我大半辈子都在与销售这个职业打交道呢。其实，持续跟进对于所有领域的各种工作都适用。我从多年的经验中总结出来了一条道理，那就是工作的时候对任何事情都要贯彻到底，不然的话，如果你差了一步没有跟上，就会被越甩越远！持续跟进的时候尽量让自己努力的姿态更显眼一点，好让别人更容易注意到你和你的努力，这样一来，你之前付出的汗水就不会白费。

　　当你去委托别人办某件事的时候，记得多留意你拜托对方去做的事，以及完成的进度。用不着动不动就干

涉对方——过几分钟就发消息询问完成的进度；只要每隔一段时间问一问情况，及时了解事情的进展和对方遇到的问题就好了，尽量让对方可以不被束缚地做事。

开完会后别拖沓，立即着手跟进在开会时记下的待办事项。会后务必及时复习笔记，把需要完成的任务按顺序逐一安排时间来完成；否则在下一次会上，你一定会因为没能完成上次开会时布置的任务而显得与其他人格格不入。如果多次未能完成分配的任务，你在领导和同事眼里就很容易变成那种只说不做、只会夸夸其谈的人。你肯定不想让自己的名声变成那样吧？

只要做到把需要做的任务安排好，而不是毫无规划地想到什么做什么，就可以释放你的生产力，并极大地提升你工作的效率。

持续跟进是销售过程中非常重要的一环。销售的流程并不是到合同签署这个步骤就结束了，售后服务和客户反馈同样不能被忽视。客户除了想要购买到满意的货品，还希望能获得那种被人尊重、重视的感觉和贴心的服务体验。所以，交货之后记得时不时地回访，询问客户对货物和服务是否满意，以及交付的设备有没有像营销时承诺得那样完美运行。只要按照这种方法来做，耗费不了多少精力便可以高效地维护客户关系。

持续跟进不仅意味着完整和圆满，还意味着关心和照顾。举个例子，向大病初愈后重返职场的同事致以诚挚的问候，可以很好地表明你对他的关心。给即将在重要会议上发表演讲的同事发送一条鼓励的短信，就可以让他在心中牢记你对他的关怀。

持续跟进可以帮助你赢得认可。只要能做到持之以恒，周围人便会意识到你不是最令人厌烦的只会夸夸其谈的人，而是那种人人都喜欢的能干实事的人。

26. 把想法付诸纸上

　　关于这个话题可讲的内容实在是太多了，尤其从职业规划的角度来说。既然我们生活在科技世界里，你完全可以把纸换成手机、电脑或者平板，因为最后表达的意思都是一样的。只不过我比较老派，有点跟不上时代，更习惯在纸上写字罢了。

　　在资讯发达的时代，我们在生活中的每一秒都要接触到数不胜数的信息。幸好人类在过去的几百万年里进化出了高效的大脑，让我们可以过滤掉绝大多数暂时派不上用场的信息，然后把少数有用的信息存储在大脑深处的某个位置，在将来需要用到它们的时候，便可以调配出来供我们使用。人类的大脑还可以把表面上看起来毫不相关的事情串联到一起，通过搭建出类似桥梁的神经通道，将那些看似相互独立的事情、经验和感觉互相连接起来。在脑海中搭建出无数这样的通道后，我们在思考的时候看到的就会是一段段生动的影像，而不是断断续续的、残缺的画面。而且我们在试着回忆过去的经历和感觉时，大脑将我们想要的结果呈现出来的速度也会更加迅速。

这段话的目的是想提醒你，虽然你可能意识不到，但其实在我们的脑海里，时时刻刻都有很多事情在发生。

所以，我们需要时不时地让自己休息一下，并借此机会把脑海里的想法写到纸上，接着将想法付诸行动。这么做可以令我们加强对自己脑海中那些捉摸不定的想法的掌控，我们日后在事业上或者其他领域成功的概率也会随之提高。

在纸上勾画出脑海里的想法可以帮助人回忆、查询或者整理过去的想法，以及发展和完善新的想法。这么做除了可以让你拥有前所未有的创造力，还可以让你看到自己的想法中更深层次的细节，而且更方便你把自己

的想法分享给别人。毕竟我们都知道，独乐乐不如众乐乐！

书籍正是把想法付诸纸上的完美例子。如果没有书籍的存在，那么像孔孟之道、《社会契约论》和《资本论》之类的伟大思想就只能随着他们的提出者一同消散在历史的长河里了。

把想法写在纸上之后，你就可以时不时地把它们拿出来翻看，这样一来，你便有更多的机会可以去不断完善尚不成熟的想法，并且在思考的过程中逐渐改变自身原有的习惯和理念。

每天雷打不动地在早中晚上分别大声朗读一遍自己写下来的目标，可以加深你对它们的印象，并且督促你去积极采取行动，争取让获得认可的目标早日实现。

做一个有雄心大志的人吧！梦想再大也不是罪，给自己定下赚一个亿的目标不比定下赚一千万的目标更费力。把想法写到纸上，然后采取行动的时候要格外小心。别着急，只要持之以恒，奇迹一定会发生的！

27. 获取更多的资格证书

　　我之前路过某个培训机构的时候无意中看到了他们的宣传语："学得更多，赚得更多！"虽然说得很直白，但其实我还是挺认同这句话的。当你在考虑自己想要在哪些领域获取资格证书的时候，千万不要把目标限制得太狭隘，只要是自己感兴趣的领域都可以尝试一番，尽量一个都不要放过。不论是对你还是对你的客户而言，拥有资格证书都是非常关键的，因为各种资格证书是你个人能力的最直观的体现。毕竟，没有几个人愿意无条件地相信自称有能力却无法证明自己的陌生人吧！资格证书和能力会让你的同事注意到你。取得资格证书带给你的回报首先会反映在工资条上。

但是比起努力学习的结果，也就是证明你已经合格的证书，更重要的是，懂得如何在实践中运用自己学会的知识和技巧。仅仅为了一个写着你名字的证书而学习是徒劳无功的。知道如何利用学到的知识和掌握的技能，才是令自己在职业生涯中进一步的关键。我见过太多擅长考试的"考试机器"了，从注册会计师考试到司法考试、精算师考试等，能想到的考试他们全都通过了。然而在工作中，他们并不能将考试需要的知识转化为生产力，用知识来解决问题，所以，最终他们获得的待遇自然便不甚理想。

所以，只要你在进步，你就会被认可。

现在跟着我一起制订一个学习计划吧。先从回答以下问题开始：你觉得你下一个能够获得的资格证书是什么？再下一个呢？在挑选下一个想要取得的资格证书时最好谨慎一点，确保这个为了取得资格证书而制订的学习计划跟你总体的职业规划不会发生冲突。

专精某几件事远比在所有事上都懂一点要强得多，毕竟在很多领域都是"赢者通吃"，细分领域的大师远比什么事情都能扯几句的杂学家更受欢迎。无论你选择了哪个领域，在学习和实践的过程中都要以成为行业翘楚为目标努力。

备受认可的资格证书是你具备能力的最直观、最有力的证明。如果你在实践的时候也能表现良好，那么我可以毫不夸张地说，你一定可以征服所有人，令他们心服口服。

准备好在自己的教育上付出"血本"吧。想要提升自己的能力只能靠自己的努力。确保你已经把接受教育所需的所有东西都准备好了。即使要为此制订一个完整的计划，也不要退缩，因为如果能接受到你梦想中的教育，那么前期不管再苦再累都是值得的。

再补充一句，资格证书只有在知道自己想要什么、想做什么，以及想从中获得什么的时候才最有用，否则只是个精美的装饰罢了。

28. 围绕主题学习

这节的内容紧接着上一节中讨论的"获取更多的资格证书"话题。学习时带着目标去学对于取得收获和赢得他人的信任至关重要。在学习的时候不仅要学习主题本身，还要学习与主题相关的所有事情。只有这样，你在与人交流和拓展交际圈时才能显得你提前做了功课。举个例子，在学习美国经济大萧条时期历史的时候，除了要阅读大萧条时期的材料，还要看看大萧条前后的历史记录以及同时期全球其他国家的情况；学会了纵向和横向对比后，你才能获得对大萧条时期历史更加全面和立体的认识。

成为大众认可的知识渊博的人不仅有助于和各类人

打交道，还可以帮你打开通往新世界的大门：很多封闭不对外的精英小圈子会纷纷对你开放。毕竟没有人会不喜欢跟性格好、健谈且知识面广泛的人交流。

当然，就像本书前半部分里介绍的法则一样，围绕主题学习也需要提前制订好学习计划。我的建议是，可以从阅读额外的材料开始，尽力让阅读变为你的一种习惯。终日不停地阅读大量的书籍虽然听上去很辛苦，但是只有这样的好习惯才能造就优秀的人。

你可以试着从一周看一本书开始，阅读的内容和速度都由你来决定，因为只有你最了解自己对哪些事情最感兴趣。不用因为自己看书太慢而心浮气躁，毕竟，光是做到静下心来博览群书，就已经超过社会上绝大部分人了。

马尔科姆·格拉德威尔（加拿大畅销书作家、报刊评论作者）在他所著的《异类》中提到，想要成为某个行业的专家需要耗费10000小时。以某个主题为原点，学习从这个主题衍生出的其他话题不仅能丰富你的知识，还能让你发掘出自己前所未有的想法。

这就是我为什么再三强调要成为知识渊博的人，成

为别人有事情不懂时第一个想到的人。

做一个"一目十行"的人吧，读书快的人更容易做到在短时间内消化更多的信息。想要深入学习，可以看看东尼·博赞（英国心理学家、教育家）的《速读术》。别说你没时间看书！时间就像海绵里的水，挤一挤总会有的。当然，速读并不意味着泛泛地看，要认真学习并彻底弄懂书中的内容。

学会围绕主题学习在职场中可以带给你不小的优势。懂得围绕主题学习的人一定可以给所有人都留下深刻的印象。

29. 关注最相关和前沿的消息

围绕主题学习绝对可以保证你在获取新消息时不会落在他人身后。最重要的是，在正确的时候学正确的东西。就拿考试前的复习来说吧。如果在复习语文考试的时候，看的却是数学的资料和笔记，那么你肯定无法保证能在语文这个科目上取得好成绩。虽然你的数学复习得很好，但是当你面对语文试卷的时候，不论你如何绞尽脑汁，也肯定回答不出几个卷子上的题目。这就是为什么我们要关注相关的资讯。

那么，哪些东西可以被称为"相关"呢？时政新闻、行业资讯、公司变动和对手动态等自然都可以算是相关的信息。让自己像调查记者一样，时刻站在消息的

最前沿。告诉自己，要做那种主动挖掘别人都不知道的消息的人，而不是只能被动获取二手消息，被别人取笑消息不灵通、永远慢半拍的人。

首先，你可以列出几个跟你的职业有关的关键词，然后每天定时在网上将这些关键词挨个搜索一遍。其次，你可以从期刊或者行业研究报告着手，不需要每一篇文章都仔细看，只要花费一点时间大致扫一遍目录就行了，看到有兴趣的文章再逐字逐句地细看。还记得上一节讲到的速读吗？在这里，这项技能又可以派上用场了！俗话说得好，凡事在精不在多。你每天花多少时间去看文章不重要，重要的是，能够做到持之以恒，让每天获取最新的消息变成你的习惯。

别忘了，我们生活在科技的时代。你可以发挥你的创造力，看一看可以如何利用科技来获取最新的资讯。如果你开车上班，可以试试把收音机从音乐台切换到新闻台；如果坐公交地铁通勤，那么你可以插上耳机边听边看，事半功倍，轻松就能获取双倍的信息量；在健身房跑步或者遛狗的时间也不要轻易浪费，因为这些都是大好的学习时机。

善于利用手边的工具和资源让事情简单化。不用说你肯定也猜到了，这条法则执行起来肯定也需要良好的规划和练习。"执行摘要"，顾名思义，就是可以将复杂的事情简单化的工具。它可以简洁高效地总结全篇文章或计划的内容，方便你在几分钟内就能快速提炼出文章的重点。

随着年龄增长，你在职场中的地位和资历也会相应稳步提升。然而想要一直保持自己的竞争力，却会变得越来越困难，因为总会有更年轻、更有才华、对待遇要求更低的后浪，在想方设法把你拍在沙滩上，好让自己取代你的位置。努力让自己跟上时代吧，即便真的对升官发财没兴趣也绝不轻易地放任自己掉队。因为也许你的周围早已潜伏着对你的位置窥探已久的人，想趁着你因为自身能力跟不上公司要求的大好机会来取代你。

30. 搭配衣服时自信一点

　　这条法则挺有争议的。很多人对于如何穿衣打扮抱有截然不同的看法。观点不同这很正常。在本节里，我并不想论证到底谁对谁错，只是想单纯地说出我的看法。

　　穿衣风格可以从侧面映衬出人们的性格、感觉和心情。虽然身上的穿着并不能完全精准地表现出我们的心境，但是让旁观者一眼就能看出我们当下的心情，完全没有问题。

　　所以，好好利用衣服这个特性吧。你一定要学会为不同的场合搭配合体的衣服。作为白领，上班时一般需要穿商务休闲西装或者正装。你如果穿着背心和短裤上班虽然也能获得"认可"，但是我估计这种认可应该不是你想要的那种。

在军队里，所有人都穿着一模一样的制服。银行、医院、工厂等场所也都有各自的着装要求。在这些对着装有着严格要求的行业中，如果你寄希望于依靠身上的衣服从上百号人中博得外人的眼球，可不是一件容易的事。不过，你只要肯多下点功夫，另辟蹊径，那么从一大群跟你穿的一模一样的人中脱颖而出并不是完全不可能。既然没法按照自己的喜好来搭配衣服，你就换个角度，试着管理经常被忽视的面部表情。从人群中脱颖而出、被人注意到的最简单的办法，就是脸上挂着微笑。只要是发自内心的真诚的笑容，不是油腻的假笑，这个微小的动作就一定能给你带来意想不到的收获。

我们正处在一个绝大多数事物都趋于同质化的世界里，无论是汽车、手机、电脑、衣服、发型等皆如此。想要做到跟别人不一样，不泯然于众生，着实要下一番功夫。当然，我不是说你一定要特立独行。很多时候，坚持做自己远比盲从他人的风格效果要好得多。用一句话来总结，就是"以不变应万变"。

如果职业要求你做事一丝不苟，你就严格按照要求

去穿衣戴帽，杜绝自由发挥。如果职业要求你拥有发散性思维，做事时不拘泥于现有的框架，你在穿衣服的时候就可以随心所欲，怎么样有想象力就怎么穿；如果职业要求你做事循规蹈矩，你穿衣服的时候就照着严肃认真的气质来搭配。其实，所有行业的着装要求都为个性化搭配留了一些余量，基本上没有哪个行业真的会严禁员工佩戴一切彰显个性的小饰品。但是不管怎么说，穿衣打扮的最终目的还是要符合应有的气质，而不是博人眼球。

31. 有想法，有计划，有使命宣言

到这节为止，本书的内容刚好过半。事不宜迟，让我来解释一下本节的标题吧。

有想法：要对自己正在做的工作，自己在工作中起到的作用，以及自己对未来的展望有个大致的规划。扪心自问一下，你真的知道成就感被满足时是什么感觉吗？你能够分清楚自己正在获得哪种认可吗？

有计划：制订一个让自己对未来的设想变为现实的计划，然后严格执行这个计划直到实现最终目标，也就是获得你梦寐以求的认可。

有使命宣言：写下你想如何度过每一天，如何行动

才能成功。

有一次出差时，我在火车站等车的时候听到同行的两位同事在我边上闲聊："我不要别的，就想要'他们'能对我的付出心存感激。他们肯定看到了我的努力！"

你有没有说过类似的话，或者至少心里曾经想过？很遗憾，但事实是"他们"并不会感激你的付出，并且"他们"也没有义务感激你做出的贡献。成功不是靠别人施舍得来的。只有你才能令自己获得成功，只有你才能发掘出自己的才能和特长，并认可自己的能力，这样你才能再接再厉，继续努力从别人那里获得认可。

还记得我在前几节里说过的吗？如果对自己的人生毫无规划，你就一定会成为别人计划中的一环；在这种情况下，事态绝对不会朝着你希望的方向发展。

但这正是关键所在——很少有人天生就拥有制订计划的能力，更别提制订详细的计划的能力了。大部分人在平时并不会考虑怎样才能做到出类拔萃、脱颖而出和赢得认可之类的问题，因为他们已经有足够多的其他问题需要他们操心了。即使他们中的有些人为了应付公司的年终考核而制订了个人发展计划，但是你想想看，他们真的会每年将个人规划重新翻出来，看看自己有没有实现之前定下的目标吗？

你真的愿意一辈子待在一个令你安于现状、不求改变的安乐窝里吗？虽说我们平日表现出的样子是由我们的潜意识来决定的，但是我们依然要根据自己的意志来塑造人生的轨迹，不然就会有别人来替你做出决定。

自己未来的规划对于你的成功有着至关重要的影响。优秀的计划都有着许多相同点，如重大事件标志、关键绩效指标、关键可交付成果和时间框架等。抓紧给自己制订一个优秀的计划吧，不管是亲力亲为还是借助外力都没关系，很多时候，我们只看结果不看过程。

通常情况下，别人的认可能够让我们做过或者正在做的事看上去更合理、更有说服力；但是别人的认可能够做到的不仅是将我们的所作所为合理化——实际上，我们每一次获得认可，都是在给自己的"人格"添砖加瓦。

正是这些"人格"真正决定了我们为人处世的方式，而每天源源不断的认可，则是保障我们的奋斗之火永不熄灭的燃料。想要让自己也给世界、工作和生活等

各方面施加自己的影响,那么做任何事的时候都要带着目标,有远见、有计划,并且每日都严格按照计划行动。让自己因为持之以恒的努力而名扬天下、被人认可吧。

32. 明确目标

　　新年伊始，数以万计的人便会自发地开始执行早已制订好的新年计划。每天清晨，几乎所有人在醒来后，都会在脑海中把新的一天里需要完成的任务列举出来。但是只有很少一部分人会在此基础上更进一步，把每日的目标整理成一个完整的列表，并将它整合至更详细的每日计划中去。

　　为什么我们无法成为成功人士呢？为什么我们会一生浑浑噩噩，实现不了一直以来的梦想呢？

　　是因为我们缺乏动力、决心、意志力或者精力吗？

　　让我来逐条分析这些问题。首先，绝大多数人不知

道自己真正想要什么。他们可能知道自己不想要什么，但是对于自己到底想要什么却总是说不清楚。你想从现在这份工作中获得什么样的认可，在未来想要什么样的认可？你想要从哪些人那里获得认可，以及这种认可能为你带来什么样的结果？

你也许明白自己不想一辈子困在某个公司里，周而复始，做着没有意义的工作。但是你清楚自己想用哪种工作来替代现在这份工作吗？你知道自己想从新的工作中获得什么样的认可吗？

把对这些问题的答案写下来。通常而言，懂得把脑海里的想法付诸纸上的人比一般人更容易实现目标。

每天至少阅读三遍自己写下的答案。早上醒来看第一遍，中午吃饭时抽空看一遍，最后晚上洗漱完毕上床关灯前再仔细地看一遍。让自己养成每天都看的习惯，因为这么做对于获得认可真的很重要。

回答上面的问题时，不要充满敷衍、机械般地回答，要投入自己的真情实感，因为你得保证每天翻看自己写下的回答时，热血沸腾的情感会油然而生，而不是内心没有一丝波澜。所以，这种情感必须能够挑起你的兴趣，穿透包裹着你内心的厚壳，激发出深藏在你内心深处的斗志。

利用手边所有能用的工具（如文字、图片、声音，甚至嗅觉和味觉）来获得这种感情。对了，还有愿景板，等会儿我们就会说到这个。

调整心态。放松心情，让新的梦想、愿景和目标变成驱使自己向成功迈进的潜意识的一部分。

改变自己的范式。每天都要尝试养成能够更好地服务于你的思维模式或者习惯——能让你被人注意的习惯，能让你获得应得的认可的习惯，能让你实现职业生涯中的目标的习惯。

确定自己的目标可不是一劳永逸的工作。在现实生活中，目标随时都可能改变，所以不要因为自己已经完成了现有的目标，就在设定新目标的时候消极怠工。

不要低估了行动对于实现目标的重要性。光是白日做梦是达不成目标的，实现目标的背后需要做的还有很多！

33. 找个师傅

虽然有想法和有计划听上去很简单，但是等到你实际操作的时候就会发现，做起来可远没有看上去那么容易。你需要一些外力的指导。因此，这一节讲述的找个师傅就是一个很好的起始点。

在这世上有超过70亿人口，想单纯靠机遇去寻找合适的师傅，无异于大海捞针；所以，不能盲目，而是要根据自身的需求去找最匹配的师傅，无论是从内部还是外部去找都没关系。本书就可以作为你的"师傅"。你的部门经理也可以指导你，隔壁部门的经理甚至有可能教得更好。一般来讲，公司为了培养新人，都会给新人指派一两位师傅或者导师。如果你的公司没有给你分配师傅的话，一定要主动问问情况，然后从候选人里挑一位最适合你的（如果能选的话）。

通常来讲，分配师傅的事项都由人力资源部门的同事负责。所以，如果你的公司有人力资源部门的话，记得在入职后主动去申请一位指导你的师傅，别浪费了大好的机会。

在决定用内部还是外部的培训资源时，需要从多方面来考量。不管是内部还是外部的资源都有各自的利弊。例如，内部的师傅对于公司内部的规章制度、操作流程、工作环境，甚至你个人的职业发展都了解得非常透彻，而这既可能给你带来优势，也可能在工作中拖你的后腿。外面聘请来的导师虽然可能对公司内部的一些事项不太熟悉，但是不会受到公司冗杂的规定影响。因此，与公司内部的师傅相比，他们不会受公司内他人的影响，在指导你的时候也更倾向于从中立的角度来看待问题。

在选择师傅的时候，以下这些都是必须考虑的方面：在你做出最终的选择之前，先想想你现在在什么位置，你想去哪个位置，你想实现什么。慢慢来，认真考

虑，不要着急。每个人都拥有自己独特的做事风格和性格脾气，所以，我们的目标是找到合适的师傅，而不是随便找一个师傅。当你真的遇到和自己完美匹配的师傅时，一定会有种相见恨晚的感觉。

寻找合适的师傅的第一步，是意识到自己并不是完美的天选之人，自己的确需要别人的指导，这样你才能放下自傲，主动去寻求帮助。这听上去可能很不可思议，但是真的有不少人会因为各种原因而不乐意向别人寻求帮助。有的人觉得求助别人是弱者的象征，有的人觉得求助是无能的表现。这绝对是大错特错的想法，因为事实与他们想象得刚好相反——向他人求助是能够认清自我的体现，是谦卑和有上进心的标志。

挑选师傅的时候别忘了把成本也计算进去。这里指的不仅是金钱上的成本，还包含了投入的时间和机会成本。这种时候，内部师傅的优势就来了，因为内部师傅在时间上往往更加灵活，安排会面的时候也更为方便。要学会最大限度地利用手头的资源，尤其是金钱。毕竟对于包括我在内的绝大多数打工仔来说，我们最缺乏的是钱，而不是时间或者精力。花钱之前记得货比三家，最好能先做个尽职调查。首先，弄清楚自己希望从别人的指导中获得什么，然后在上课前根据自己的需求提前准备好问题。其次，在课后要时不时地评估一下自己学习的效果，确保自己花费的每一分钱都能做到物有所值。

归根结底，最重要的还是你和师傅或导师之间的关系。如果双方之间没有建立起信任，从骨子里就不信任对方，那么我敢保证，指导的效果一定不会尽如人意。

综上所述，如果觉得自己在职场或者生活中停滞不前，找不到前进的方向，那么别害羞，赶紧给自己找个师傅吧。他们除了可以根据丰富的经验来给你提供崭新的观点，还可以监督并指导你一步步走出窘境，达成之前看上去不可能完成的目标。当所有的困难都得到了完美的解决后，你肯定会认为之前的付出都物超所值。这是一个与师傅共同进步的体验，一个能永远改变你的人生的体验。所以，找个好的师傅绝对有助于获得认可。

34. 熟练使用业务工具

你上班的时候都会用到哪些办公软件？和别的岗位相比，你的工作需要使用哪些专用软件？

无论是在使用最基础的Office办公软件，还是Salesforce（销售管理软件）、Vimeo（高清视频网站）等其他商务软件，都要做到比开发者更熟悉软件的功能。我当然是在开玩笑，毕竟我自己也做不到熟练使用所有的办公软件。我的意思是，以Office办公软件为例，光是知道如何用Excel软件来做基础统计，或者怎么做简单的PPT可不够；当你能够做到闭上眼就能背出大部分常用的Excel函数，或者懂得如何简洁、美观地用幻灯片把会议的内容展示出来，才能算真正精通使用这两种软件了。运用办公软件展示你的工作成果时表现得自信一点，在心里默念："我能行。"因为对方不一定比你更了解办公软件。

如果你不知道怎么样去制作数据透视表、解读报表，或者利用模型预测未来走向的话，那么你在工作中的竞争力便会大打折扣。虽然你不会每天都用到这些深奥的技能，但是，假如某天你突然接到了需要用到这些技能的任务，而你是唯一知道应该如何运用这些技能来完成任务的人，那么领导和同事就一定会对你刮目相看。

快捷键和快速指令可以让你节省出超乎想象的时间。你首先需要弄清楚工作中使用到的软件分别适合哪些任务，接下来学习这些软件的使用方法，然后不断练习，直到你对自己的操作水平拥有绝对的自信。只要付出了，就会有回报。

精通办公软件不代表你一定要像电影里的黑客那样，在谈笑间敲一敲键盘就黑了某个公司的数据库。精通指的是掌握一些别人不知道，但是在生活中很有用的小技巧。举例来说，用PPT做展示的时候，按一下键盘上的B键就可以让屏幕变白／黑。类似这样的小技巧可

以让你在工作时表现得非常专业，从侧面给别人灌输一种你在业务方面肯定也很熟练的感觉。

用一句话总结本节，那就是"让自己成为别人眼中最擅长使用电脑去完成任务的人吧"。这种认可很多人可是求之不得呢！

35. 掌握通信工具的用法

这条法则还需我多说吗？答案是，显然需要。可能你很擅长销售，或者演示；但是，你真的精通所有的交流方式吗？你在哪些地方还有遗漏可以弥补？

在当下这种快节奏的社会里，你很有可能突然就被人叫到一个陌生的环境里。对方只留给你很短的时间来准备，然后要求你凭借着仅有的资料来进行展示。对方可不会在乎你的时间是否充裕，资料是否足够。他们只会根据你的表现来对你的能力进行评判。我知道这很不公平，但是既然我们没法改变别人，就只能从改变自己做起。所以，提前发现自己的弱点，并加以改正的重要性自然不言而喻。也许对你来说，写一篇宣传文案就是

小菜一碟；但假如你做不到在众人面前把文案从容自若地念下来，那么你在看到别人露出的失望的表情后，可千万别感到惊讶。即使你顺利地把文案念完了，也不代表任务就这么结束了——如果没法将自己在台上说过的话在其他场合再复述一遍，你的可信度自然就会一落千丈。所以，千万不能放过自己身上的任何一个弱点。

手机已经成为我们生活中必不可少的一部分。想要让自己脱颖而出，就得学会让手机为自己服务，而不是沉迷于手机，被手机掌控了生活。每当你新换了手机后，第一件事就是要摸清楚手机里所有的功能，尽早清楚每个功能的操作方法。不会用手机就像不会握手——两者都会让你在他人心中留下差劲的第一印象。

要关注语音消息。我很理解你在收到对方发来一连串语音时，心里的那种沮丧感和厌烦的情绪，我也不喜欢在忙碌的时候被迫分出一部分注意力去听冗长的语音；但是抱怨归抱怨，一定要逐条逐句去听对方发来的每一条语音消息，因为如果你稍有一丝懈怠，就有可能会错失重要的信息。

既然没有人喜欢听一连串的语音，那么我想你应该很清楚，轮到你发语音的时候你应该怎么做。首先在脑子里想好自己想说的，其次尽量让发送出去的语音听上去吐字清晰、简洁明了、条理清晰。切忌说话磕磕巴巴、语无伦次，不然对方才不会有想要认真听下去，并及时回复你的欲望。当你用手机之类的通信工具聊天时，你在对方眼中的形象完全取决于你发消息的方式和消息的内容。所以，即使不是面对面交流，对自己的要求也丝毫不要松懈。

除了即时通信软件，现在还有种类繁多的可以让你发送消息的方式。微博、抖音、快手（图片短视频社交软件）之类的社交媒体或者各种直播软件都可以为你所用。这些平台赋予了想要获得认可的你无尽的可能，至于你可以怎么去利用这些平台，就全凭你的想象力了。但是，如果你使用这些工具的方法不正确，发送消息前不仔细检查，就很容易会引火上身，产生反效果。

不要因为害羞而退缩，这些工具正是为了让你获得认可而被发明出来的。所以，按照你觉得合适的方式和频率来使用它们吧，主动权永远在你手上。

随着科技的进步，不断有新的通信工具可以为你所用。记得时刻关注最新的流行软件和设备，务必在第一时间熟悉它们的用法，别让自己落后于时代，慢人半拍。

36. 有大局观

这条法则听起来可能有点虚无缥缈，但你如果想要与众不同、脱颖而出，你的大局观就是你必备的技能。你在人生中会不仅一次遇到危机。当周围所有的人都像热锅上的蚂蚁一样，急得焦头烂额时，你就需要成为那个有大局观的“救世主”，在旁人不知所措的时候能够冷静地分析局势、统领全局，率领众人走出困境。

正如英国成功心理学作家詹姆斯·艾伦在《思考的人》中写道：“坚强又冷静的人永远是受人尊敬与爱戴的。他就像干涸的沙漠里给人一丝阴凉的大树，又或者狂风暴雨中替人遮风挡雨的巨石。”

没有人规定只有惊天动地的大灾难才能算是危机。不过，人们在面对微小的困难时，也时常会因为慌张而失去大局观，致使他们很容易忽视真正重要的事情。你作为"救世主"需要做的，正是在遇到危机时镇定自若，让自己后退一步，重新审视一遍事情的全貌，并做出正确的判断。这样一来，你才有机会站出来，领导大家克服困难。

犯了错误、遇到失败或者听闻坏消息时感到慌张是所有人的天性。想要变得与众不同，就得从另一种角度来看待犯错和失败。把失败当作学习和改进的机会才能让自己吸取教训，提升自我。毕竟，失败是成功之母。久而久之，周围的人就会开始信任和依赖你。每当需要做出困难的决定，或者当怒发冲冠的客户上门来理论时，他们都会第一时间向你求助，在潜意识中把你当作团队真正的领导者来看待。

做一名有大局观的人一定会让你受益匪浅。成为有大局观的人的关键之处就在于眼光要异于常人，敢于逆流而上。伟人之所以与众不同，正是在于他们能够将目光放得更长远、从全局的角度来考虑问题，不像普通人

轻易就被眼皮底下的东西所蒙蔽。

现在的你可能并不满足于当前的工作和职位，但是只要你有了大局观，日后就绝对不会一辈子停滞在当前的位置上。放下书，站起身，走远一点，然后回头看看自己之前坐的地方。闭上眼想象一下你心中坐在那个座位上的人的形象。你看到的人是什么样的？如果那个人想改变他未来的人生轨迹的话，你会给予他什么样的建议？从你现在站的位置能看到哪些他看不到的东西？他做什么才能改变循规蹈矩、一成不变的生活？

没事的时候就可以多练习上面那个小技巧。想象自己是一只老鹰，透过透明的屋顶俯瞰自己的书桌。现在的你看到自己正在做的任务，与自己坐在书桌前看到的相比有什么新的变化？

透过第三视角来看问题对于锻炼你的大局观非常有用。换个位置或角度来看，你就可以更清晰地看到自己在获得认可前还需要做出哪些方面的努力。

37. 开阔视野

在本书第20节的末尾处，我曾经说过："人的眼光一定要超越他的视野所能看到的极限。"我隐约记得，我是在某个星期日的深夜写下这句话的。那时候我脑子里到底在想什么呢？

我其实记不太清楚了，毕竟那都是很早以前的事情了。现在回想起来，我觉得我当时想说的是，在没有人督促或者鼓励的情况下，人们只会想着完成摆在他们面前的，或者他们觉得自己可以达到的目标。

如果我们的视线可以越过地平线，触及我们平时目光所及之外的东西，那么会发生什么呢？

你觉得下一个可以改变人类历史进程的突破性发明会是什么样的，在哪个领域？我们该怎么做，才能在工作时感到更轻松、更有满足感？

只有庸人才会甘于低头接受现状。不是在停滞中成长，就是在停滞中灭亡。没有什么事情是一成不变的；没有什么事情能够永远保持完美的平衡。假若在工作和生活中从未想方设法让自己进步，久而久之你就会落后于旁人。

拓宽自己的视野可以从多读一本书、多参加一场舞会或者多花些时间进行影子练习（尝试模仿学习对象的言行举止）等方式开始。

无论选择用哪种方式来拓宽你的视野，你最后都会发现，许多曾经被你忽视的机会都会渐渐在你眼前浮现出来。只要做到抓住机会、利用机会，你就一定会在与工作对手竞争时一马当先，并因此获得众人的认可。

38. 找到喜欢替你做工作的人

多年以前，我在著名的约翰·阿萨夫（热门纪录片《吸引法则》中出镜的那位个人发展专家）门下学习的时候接触到了这条法则。

假设你天生就是做销售的好苗子，身上所有的技巧、热情和能力都是为销售而生的，但是你在文书方面却提不起兴趣来。遇到这种情况时，就要像约翰教我的方式那样，找人代替你完成你不喜欢的工作。与其捏着鼻子自己来做无聊的文书工作，不如找一位全身心热爱填表和写报告的人来帮助你完成文书工作。这样一来，你的工作效率便可以大幅提高，双方也能得到各自都满意的工作。

市场营销人员是所有公司的主心骨，所有公司的收入都仰仗业务人员的辛勤付出。市场营销背后涉及了太多不同条线和领域的知识，普通人几乎没有可能精通所有与营销相关的知识。这样一来，找到合适的人来替你完成不擅长的工作的重要性就显而易见了。如果能找到合适的人，你就会作为拥有优秀领导力的人而被认可。

将任务外包出去并不意味着你就可以做撒手掌柜，对本属于自己的工作不管不顾了。给帮助你干活的人分配完任务后，你仍然要时不时地去检查任务的进展，对任务的结果保持兴趣，并负起责任。虽然把所有的工作都外包出去不太现实，但是我可以负责地说，找到人一起合作，借助他们的力量来扬长避短，是你赢得认可的最佳方式。

寻找愿意做你不喜欢的工作的人只有一个目的——尽力让你和他的工作效率都能实现最大化。每个人都只需要做好自己会做的和擅长做的事就好；给别人在他们擅长的领域留出足够的空间来自由发挥，这样他们也能有机会去展现身上的闪光点，并且赢得他们应得的认可。

想要最大限度地提升自己的工作效率，最好的办法就是多做自己喜欢做的事，少做自己勉强能够接受的事，不做自己讨厌做的事。这句话很直白，但也很准确，不是吗？

上班的时候，没事就可以问问自己："现在做的事到底有没有在帮助我实现目标？"回答完这个问题之后，你应该就不难判断自己到底是应该继续、暂停、放弃还是转包手上的任务了。别像傻瓜一样只会瞎忙活；要灵活一点，要学会判断自己什么时候应该果断地放弃手头的工作，省下精力留给更重要的任务。

获得认可计划

第 3 章

在本章里，我们仔细地探讨了你如何对待他人和你想怎么改变。现在是时候想一想你在做那些事的时候会采取哪些新的方式了。

章	你现在是什么样子	你想变成什么样子	你将要做什么
第 1 章 你是怎样的人	热心却又悲观厌世	看起来充满热情；拥抱积极的态度	在下次开会的时候谈一谈自己的新想法，跟同事聊聊最近顺利的事
第 2 章 你如何对待他人	礼貌斯文但总是置身事外	更加乐于助人，并对与人交往产生兴趣	本月里抽出时间约团队里的同事，逐一出来喝茶聊天
第 3 章 你该做哪些事	主动做一点事	让额外的承诺被人认可	每个月选一个能产生重大影响的项目，然后找出两种利用项目获益的方式
第 4 章 你应如何表现			

第 4 章

你应如何表现

你的行为是你内在的性格特质，以及你学到的知识的体现。或许你自认为已经弄清楚了某件事情背后的原理，但如果无法将知识在现实中加以运用，那么你所有的自吹自擂都将是徒劳的。所以，人们总会自谦地说，自己还有很大的提升空间。

正是我们平日的表现为最终得到的结果奠定了基础。学会某个东西很不容易，值得表扬和肯定；如果能够运用学会的东西，则可以让人在人生的道路上更进一步；重复这些动作令人养成良好的习惯，而习惯决定了我们是什么样的人。

39. 做守时的人

你肯定听过这句名言——时间就是金钱。

所以，别浪费时间——人最宝贵的资源。

那么，守时对于成功的人来说到底有多重要呢？

就我个人而言，我是非常讨厌迟到的人的。在我看来，在那种习惯性迟到的人眼里，浪费别人的时间并不是什么大问题，由此不难看出，这种人对别人缺乏基本的尊重。我曾经像周围的人询问过他们对于频繁迟到的人的看法。他们异口同声地回答，如果在工作中多次被迟到的人浪费了时间，久而久之他们在工作上就会暗暗不配合这些爱迟到的人，而双方做完工作所需要的时间

也毫不意外地增加了。所以，做一个守时的人可以节省双方的时间。你肯定也感叹过时光飞逝吧！一闭眼，一睁眼，时间就没了。所以，好好珍惜时间吧。

注意到我的用词了吗？讨厌、飞逝、尊重、珍惜，这些全都是很情绪化的词。在生活中，不仅是我，绝大部分人（包括你的上司）都不喜欢过多地等待别人。这应该不难理解。试问你家的厕所堵了，在你等待疏通下水道的工人上门的时候，是何种心情和感受？

守时对于成功的重要性毋庸置疑。如果能够合理地利用自己和他人的时间，那么你绝对可以引起旁人的注意。当然，被人注意并不等于被人认可。每次迟到的时候，你百分之百会给对方留下坏印象，但令人惊讶的是，每次都提前到达却并不会给人留下额外的好印象。我想，可能是因为坏事在我们心中留下的印象更为深刻吧！虽说如此，你如果能够成为守时高效的人，最终一定可以轻而易举地赢得别人的认可。

说到这里，我好像还没有讲到守时到底意味着什么？

对于我来说，守时意味着计划、体贴、规矩、重视、尊重和认可，还意味着你能够意识到自己和别人的时间的价值。话说回来，既然时间是我们最宝贵的财富，是一种失去就无法再生的资源，那么为什么我们每天还滥用和浪费如此之多的时间呢？我想原因应该很简单：绝大多数人都不懂得提前规划时间，而且没有考虑过别人的感受，在他们心里也不存在守时的意识。这种人不懂得事态的重要性，不尊重他人，并且从来没有意识到时间很宝贵这个事实。

奇怪的是，人们对时间的看法也会随着时间的推移而改变。跟过去相比，现在的人仿佛不再以迟到为耻了，迟到甚至都快要变成一件稀松平常的事了。说来也可笑，现在我们花几秒钟就可以通过手机来约定见面的时间，但是每到见面的时候，却总会有人迟到，迟到的时间和频率还远超社交礼仪容许的范围。这种人可真是烦人！

时间是上天赐予我们最好的礼物，因此，我们一定要最大限度地利用这份礼物。只要接受并遵守关于时间和守时的准则，你便一定能被人认可，在人生和事业中必会大有作为。除了要意识到你和他人的时间的重要

性，你还要牢记时间的价值远大于金钱这个道理，因为钱没了可以再赚，时间用完了可不会再生。只要能够意识到这个道理，那么你距离被人认可就不远了。

40. 充满建设性

　　这一条听上去很容易，但做起来就知道有多难了。我们之中真的有人可以控制住内心的批评欲，会在心里叮嘱自己，不要把其他人提出的方案扼杀在萌芽阶段吗？

　　你也许听说过管理学中常用的给员工反馈的"三明治法则"吧：三明治的第一层是"哪些部分做得不错"，中间的夹心层是"什么地方需要改进"，最下面一层则是"员工怎样提高表现可以令双方满意"。反馈的结果可以浅显易懂地让员工明白自己应该"如何改进"以及怎样"找准目标"，在这两方面为员工提供富有建设性的建议。在学习三明治法则的时候，我的老师曾经告诉过我，这条法则的目的是提醒人们，应该多关

注自己可以做得更好的那些事，而不是将精力耗费在那些进展不顺利、没有什么改进空间的事情上。

这条法则的目的真可谓用心良苦。可惜的是，众所周知，任何形式的批评都有可能刺痛人们脆弱的自尊心。不过，我们现在讨论的，不正是三明治的夹心层（需要改进的地方）吗？

所以，充满建设性是一种心态、一种修养。你如果能够用建设性的思维去评判别人，优先关注事情积极的一面而不是透过批评的滤镜看事情，并且做到了不吝惜对人和事的夸赞，在交流的时候不时流露出感受到了对方进步的模样，那么对方一定会虚心地接受你的批评，心中非但不会对你产生排斥和厌恶，反而会更加积极地改进自己的不足。你的态度可以让他们更加坚定黑暗之后就是光明的信心。正能量和建设性总是形影不离的，但这并不意味着两个概念可以混为一谈。与充满积极性相比，充满建设性是一种循序渐进的感觉，换句话说，建设性在日积月累中一点点地影响着我们，它并不会令我们的心态产生立竿见影的改变。

前面说完了对别人充满建设性的好处，现在该说说让自己充满建设性的好处了。对自己充满建设性与面对别人时充满建设性完全不是一回事。我们怎样才能抑制住心里不断打压自信、自尊和自我价值的批判欲呢？如果总是被自我批评的心态拖累，以至于在各方面都无法进步，那么你一定要趁早改变自己的心态，用建设性来替代批判性。当你尝试改变心态的时候，本书前文提到的感恩日志和获得认可计划就又一次可以发挥它们的作用了。

想要让自己变得更积极向上，首先要摸清楚自己的成功之处、自己的特长、自己应得的认可，以及自己已经得到的认可。接下来，每当你陷入困境的时候，就想想自己身上积极正面的地方。今天运气不好？没关系，先把今天熬过去。等到第二天调整完心态后，再试着从别的角度去看待昨日的苦难：从正面的角度去看，从建设性的角度去看，带着对美好的未来的期望去看。

对自己别太狠了，遇到困难的时候别忘了告诉自己，你比自己想象得要厉害得多。千万别吝惜夸赞的言语，如果自己都不认可自己的努力，那么更得不到别人的认可。

充满建设性除了有助于个人、团队和公司的成长，还可以帮助你获得认可。

41. 多做点事

　　关于这一条可写的内容实在是太多了，用一整本书的篇幅都说不完。可以肯定的是，不满足于分内的事，额外多做一点事绝对是成功的秘诀之一。愤世嫉俗的人会告诉你，主动做分外的事只会让你被人占便宜，额外的付出只会被人当作理所应当，没有人会感激你的主动。我早就料到会有人这么说！相信我，多做的一点点事情绝对会给你带来意想不到的收获。

　　我们减肥的时候，多跑一圈虽然会让人累得喘不过气，但是这多跑的一圈却可以额外消耗我们体内的卡路里。只有强迫自己走出舒适区，勇敢地直面陌生的困难和挑战，才有可能让自己快速地成长和进步。

美国第一位登上珠穆朗玛峰的登山家吉姆·惠特克在他的自传《生命的边缘》里写道："你若不是生活在刀口上，那你活得就太安逸了。"这句话真有意思。仔细想想，的确是这个道理。我们在额外多做一点事的时候，遇到的竞争会远少于做分内工作的时候。这是因为绝大部分人都未曾想过，也未曾准备做那些不属于他们分内的工作；因此，你在额外努力的时候就没有人会与你竞争，做事的时候也会顺利多了。

在销售比赛中，多打一个电话，与客户当面商讨报价而不是简单地给客户寄一份报价单，或者寄一封感谢函，都可以为你带来极大的收获。时间会告诉你，你的额外付出绝不会白费。如果你记录下了自己努力的过程和最终的结果便可以发现，努力之后获得的成果绝不会让你失望。除此之外，主动做额外工作还可以让你更容易被领导留意到。

每天花五分钟想一想你现在能做的额外工作有哪些。可能每天你的回答都不一样，但是只要花一点时间提前想好，你就会发现这些工作真的没有你想象得那么难。

所以，好好想想，把自己的回答写下来，接着再思考具体应该如何操作。只要持之以恒，那么每当完成一份额外的工作后，你就会得到新的认可。

42. 找到自己的风格

本节讲述的风格与前面讨论穿衣风格的那一节基本没什么关系。这里的风格指的是你思考时的方式、为人处世的态度以及在各种场合下的存在感。

这下你应该明白了，个人风格是很难用两三句话就能形容清楚的。很多时候，我们一眼就能认出人群中最庄重、最富有感染力、最有风格的人。像这样富有人格魅力的人无须开口，只要站在那里，人们的注意力就会不由自主地被他吸引过去。

假如我可以把充满魅力的风格标价一块钱卖给大家，那我肯定早就变得像比尔·盖茨那样富有了！可惜

我们都知道这是不可能的。想要变成充满魅力的人，需要花上好几年的工夫，不断摸索，一点点完善，精益求精，直到拥有完美无瑕且独一无二的个人风格。很多人都尝试过探索自己的风格，但是很少有人最终能够成功实现目标。事不宜迟，抓紧时间趁早开始探索属于你的风格吧！越早开始这趟旅程，就能越快、越好地建立起只属于你的风格。

大卫·贝克汉姆（英国足球运动员）的魅力可以令万千少男少女为他倾倒，几乎所有的足球运动员都在争相模仿他，却从未有人能够达到他的高度；比尔·克林顿作为美国前总统，仪表堂堂，风流倜傥，坐在他边上的其他政客却大多大腹便便，满嘴官腔，这是因为他们从未考虑过像比尔一样去提高个人魅力。

个人风格不是靠一两个方面就能决定的，个人风格需要结合你整体的形象和给人的感觉而定。正是每个人身上截然不同的性格、爱好和审美杂糅在一起，才让每个人都能形成各自的风格。虽然每个人的风格并不完全相同，但它们都有一个共同点，那就是可以给个人形象锦上添花。

当然，你完全可以为自己构建出很多种不一样的风格，根据需要，随时随地切换成另一种风格。就像大卫·鲍威（英国摇滚歌手）一样，虽然他拥有两只手都数不过来的风格，但是他的每种风格都同样引人注目，同样成功。如果你平时看球赛的话应该会知道，每支球队都会根据对手的风格和状态来选择不同的战术。虽然球队还是同样的队员，但是不一样的阵型、思维，以及比赛的风格让人感觉场上完全是另一支球队。

说到思维，我觉得思维才是个人风格的关键。我们关心的东西最终都会通过表情、动作或者其他方式从侧面表现出来。所以想事情的时候走点心吧，不要在不经意间就透露出自己内心的想法。

说到底，找到属于自己的风格的目的是让自己进步，然后获得应得的认可。

43. 找准机会一马当先

　　向前迈一步，从战壕里跳出来，站到战斗的火线上，然后把头伸出掩体外是极度危险又极富挑战性的行为。虽然十分危险，但是这种看似自杀式的行为绝对可以吸引领导的眼球，让你因为英勇的行为获得认可。做投资的人都喜欢说这句话：风险越大，回报越大！在现实生活中只有极少数人敢于抓住机会，去冒这个险。

　　这节的关键词在于"机会"。勇敢地站出来，让自己身处正在激烈交火的最前线，就像参加一场机会游戏（赌局的一种）。赌的是你的能力，赌注是你的名声，而奖励则是从同事或者客户那里收获的欢呼与喝彩。

　　拥有一个条理清晰的冒险计划，可以最大限度地降低"风险"，或者其他变量因素可能对你造成的影响。如果对自己的能力很有自信，并且对身处一线冲锋陷阵充满热情，而且明确地知道自己想要什么，你肯定就能看出如此冒险的策略到底值不值得。根据收到的反馈来慢慢调整自己行动的方法可以令你持续进步，最终引起别人的注意力。

　　主导项目、活动或者领导一大群人是一项棘手的任务，因为领导往往是第一个面对各种变量和不确定因素的人。但是，如果提前规划好了接下来的行动，列出所有可能遇到的不确定因素，那么在按照计划执行的时候你面对的未知的变量必然会大幅减少，当站在人群的第一排指挥众人时，你自然也不用过于担心和紧张了。

　　缜密的规划可以最大限度地消除人们在充满不确定性的情况下产生的恐惧感。你在这个过程中收到的反馈和达成的成就都有助于你在下一次领导众人的时候做得更好。

44. 乖乖低头效仿他人

　　知道该如何在不同的情况下采取哪种行动需要你拥有大量的经验，而经验是通过无数次成功和失败一点点积累出来的。相比初出茅庐的菜鸟，有经验的人会更多地具备主动采取行动的意愿。

　　在适当的时候退一步，让别人走在前面带领你行动，对于你的成长而言反而是件好事，因为在辅助他人行动的时候，你也可以通过观察他们的行动和思维来学习处理问题的新方法，并丰富自己的经验。如果你跳进河里，让水流带着你顺流而下的话，可以让自己漂到游泳所能到达的范围之外的地方；只要你有样学样，跟着有经验的人学习什么时候是正确的跳河时机，你就一定能到很多以前去不了的地方。

　　带着明确的目的跟在别人身后，可以给你带来观察他们的技巧、行为和性格的机会。以他人为鉴，不放过任何一个学习的机会；除了观察，还要学会从观察到的现象中总结出别人能够成功完成任务的原因。

　　当然，不要一辈子作为跟着别人走的乘客，要知道自己应该在什么时候转换身份，变成带领一车人前进的司机。因为如果你永远都在跟着别人行动，你就很难有机会被人注意到，并获得他们的认可。

45. 成为思想领袖

　　一个人的思维方式，决定了他的为人处世之道和能够达到的成就。虽然能够提出自己思想的人百年一遇，但是能够把别人的思想稍做改动，用自己的语言表达出来的人倒是比比皆是。虽然听上去可能难以置信，但是将别人的想法复述一遍同样有它独到的价值。把别人的想法用另一种方式复述一遍，可以让自己更熟悉这些点子，吃透它们，然后把它们变成自己的点子，这样一来，我们便可以将别人的观点为自己所用了。本书其实干的也就是这样的工作——我把市面上流行的成功学思想和观点细选并整合后，用读者们可以轻易消化的语言呈现出来，好让这些思想和观点可以更好地帮助各位获得应得的认可。

成为思想领袖也可以达到同样的效果。虽然想要成为这样的人需要花大量的时间学习，还要对此事感兴趣，并且愿意为此做出奉献，但是这些付出最终都能让你获得超乎想象的回报。

有了初步的设想以后，就要想办法在这基础上将它逐步完善，直到你拥有足够的信心，敢于在别人面前展示你的想法。没有人规定只有拯救世界或者改变人生的宏大想法才算想法，新的工作流程、营销策略、开会的地点，或者接待客户的注意事项同样可以算想法。

但是，你知道吗？只要多加练习，勤于锻炼你的思考能力，你的脑海中的新点子就会一个比一个更宏伟、更优秀、更有影响力、更有利于你的地位的提升。想出有影响力的想法可以让你赢得众人的认可。

勇敢点吧！把心里的想法大胆地表达出来。如果永远把心里的计划和决定藏着掖着，那么你只会与自己的目标越来越远。灵机一动想出来的想法固然很好，但是带着目的、深思熟虑出来的想法则会让你一鸣惊人。

有创造力吧！跳出框架去思考是个很厉害的能力，

但是更厉害的是从不给自己的思维设下条条框框。

机灵点吧！如果要思考，就要让思维转得更快一点。有想法了就要尽快实施，不要拖沓。

冷静点吧！詹姆斯·艾伦在《思考的人》中写道："平静的思维是智慧中最美丽明亮的那颗宝珠。"

很久以前，手机只是某个发明家脑海里的疯狂构想之一，在外人眼里完全是天方夜谭。现在再看呢？你能给后世留下什么样的遗产？你想如何被世人认可、铭记？

好好想想吧！

46. 掌控自己的生活

　　我发现，最近人们好像对整个世界都抱有莫名的、不切实际的期待。人们期待被公平地对待，期待下个月会加薪，期待领导和同事会对他正眼相看。这种想法往往会发展成为怨天尤人的态度——错的是体制、是社会、是领导、是同事、是客户，反正错的绝对不会是自己。如果事情没有按照自己预期的方向发展，那么你肯定要找个外人来当替罪羊。

　　这种将人生中的一切不顺利都怪罪于外因，自认为无法对抗并改变命运的态度正是人们生命中负能量形成的契机。这么一看，很多人对工作充满了不满就不足为奇了。

能够掌控你的生活、你的成就乃至你前进方向的不是别人，而是你自己。俗话说得好，我命由我不由天。遇到困难时不要只在口头上抱怨，而要想想该如何应对、解决困难。试着让自己从外因主导转变为内因主导，一举夺回本就属于你的命运主导权。

每个人都会在生命中的某个节点面临决定未来的选择。这个选择的重要性不言而喻。不过只要在做决定前多花点心思把每种选项都认真评估，做决定后不畏缩、不反悔，最终都能够挑选出最适合自己的道路。杰克·坎菲尔德（美国演员、励志大师，代表作《心灵鸡汤》系列）在他《成功的法则》一书中提到，果断地做出选择并且敢于承担选择的所有后果，是成功的关键因素。你的银行账户有几个零，都是你做出选择、努力打拼的反馈。你现在做的工作、正在面对的客户，都是你之前选择的结果。如果想要改变这些结果，就大胆地去做吧，只要你下定了决心愿意承担自己行为的后果。

庆幸自己可以掌控自己的命运，因为绝大部分人都做不到。

我知道，不再怨天尤人，勇敢地担负起自己应该承担的责任不是件容易的事。没有人喜欢承认自己的失误，但是扪心自问，为什么你会身处现在的处境？你是如何沦落到这个地步的？为什么你没有赢得自认为应得的认可？别人真的可以让你不开心，让你沮丧，让你幻想破灭吗？如果你的回答是"正是如此"，那你可就大错特错了。这些只是你用习惯了的借口罢了！

掌控自己的命运，才能够脱颖而出，获得真正的认可。这样的思维方式可以把你从原有的那种将万事都怪罪于他人的心态中解脱出来，这样一来你的人生也会有无数新的可能在等着你。

47. 敢于接受挑战

我们先来回顾一下本书里讲过的内容吧：充满正能量，主动承担责任，多看事物积极的一面等许多法则都可以帮助你获得社会的认可。

绝大多数人都喜欢和敢做敢闯的人共事。这种积极乐观的人在接到新的任务后，身上会散发出一种独特的气质，吸引周围的人并引导他们一起全力以赴地工作。如果想获得工作上的满足感和成就感，那么这种勇于尝试、对自己充满信心的态度是必不可少的。

历史上有许多重大的事件都是英雄般的冒险造成的结果。这些改变了历史进程的重大事件归根结底是因为

144

人们拥有勇于尝试的心态。例如，战斗中的某次冒险的举措可能会直接改变整场战争的局势，又或者在研发药物时将灵光一现的想法付诸实践，最后成功研发出新药，拯救无数人的生命。还有人类在各个领域的一次次冒险的尝试，这里就不一一列举了。

你准备什么时候开始尝试只属于你自己英雄般的冒险呢？其实，只是简简单单改变自己的工作态度就足以给你的人生带来巨大改变。不论是花更多时间与同事一起研究项目，还是加倍用心地寻找隐藏极深的错误数据，抑或是多费些工夫把事情做好；虽然这些举措看起来并不难，但是想要摆脱平庸、"差不多就可以"的态度依然需要你全力以赴，发掘蕴藏在体内最深处的潜力。

绝大多数公司开的工资仅仅够让员工付出最低限度的努力，完全没法令员工提起兴趣认真工作。但只要心里怀揣敢拼敢闯的心态，你便能向公司和周围的人展现出真正的价值，这样一来你一定可以收获与自身水平匹配的待遇。

48. 有点幽默感

　　漫漫人生路上会发生很多事情，有好的也有坏的，有意料之中的也有情理之外的，有令人印象深刻的也有平淡无奇的。不论遇到什么境况都保持一丝幽默感，是砥砺前行的诀窍。

　　话说回来，幽默感不是天生的吗？毫无幽默感的人可以通过后天的训练变得幽默吗？答案是肯定的。幽默的关键就在于时刻牢记事情的两极性定律：如果情况变得非常糟糕，快变成烫手山芋，那么这时候绝对会有另一个人开心得手舞足蹈。就像在股市中，有人赔钱就必定有人赚钱。永远要优先看事情好的那一面，避免悲观地盯着不好的那一面，否则会导致自己更加悲观，这样就会陷入恶性循环。

巨蟒组（英国著名喜剧组合）曾说过："想要生活过得去，多去想想开心的事。"听起来很直白，但是仔细想想的确很有道理，不是吗？

本节所说的幽默感并不是指依靠讲笑话来逗人开心，而是指能够敏锐地发觉事情中可以搞笑的地方，在困难的时刻放下包袱自嘲来聊以自娱，以及无论何时都能维持平衡的判断力的能力。

事实证明，保持开朗、乐观的性格可以让你在与对手竞争时获得优势。人们更愿意和积极向上、乐于拼搏的同事一起共事，对那些终日眉头紧皱、脸上清楚地写着不高兴的人则会望而生畏，敬而远之。

相比脸上挂着微笑，一直皱着眉头其实更加费力。对了，差点忘了说，一个真诚、充满赞许的微笑不正是你一直以来渴望获得认可的方式之一吗？

即便你是那种天生就不擅长保持乐观的人，或者直白点讲，幽默感是你的弱项，也别气馁。告诉你一个提升幽默感的小诀窍：看看你周围哪些人被公认充满幽默感。每当他们聊天的时候就加入他们的对话，跟他们一

起开心，一起笑一笑。科学证明，放声大笑是令焦虑的当代职场人士放轻松的灵丹妙药，大笑甚至还可以给身体发送信号，让身体释放出那些科学家们一直在寻找的能让人心情变好的化学物质。

先挑一个你觉得好笑的笑话，最好是新一点的，别人没听过的，然后想一想怎么样去讲它能让更多的人觉得好笑。反复练习，直到你能够完美地在公众场合讲给别人听（切忌笑场）。用不了多久，之前你苦苦寻找却一直对你避而不见的"好机会"就会主动找上门来。即使搞笑的方式不符合你本人的风格也没关系，只要学会一两个能拿得出手的笑话，迟早你会赢得人心，并获得他人的认可。

49. 身心俱在，全心投入

　　肉体来到现场的方式有许多种，但是如果你表现出丝毫的分心，那么在场的人一眼便能看出你的心思在其他地方。注意力不集中除了是对别人的不尊重，还是一种很粗鲁的行为。不过大部分时候，人们并不是故意心不在焉的，只是因为人生中有太多需要我们去解决的事，所以我们经常会不由自主地被别的事情分散注意力。因此，开会的时候注意力不集中虽然会让别人不舒服，但是出现这种行为是可以理解的。

　　我之前接触过不少这样的人：他们在工作的时候表现得异常优异，我甚至以为他们从小到大的生活一直都是一帆风顺的；不过当我深入地与他们接触后才发现，

其实他们的生活并不像旁人所想得那样光鲜亮丽，而是充满着悲伤和不幸，只不过他们把自己的私事包裹得严严实实，从未将个人情绪带入工作中罢了。很多时候，工作和学习也可以是一种逃避的方式，这种方式可以给人带来抚慰和平静。当人们一心投入工作时，注意力会格外集中，有的时候人们过于专注工作，甚至连生活中的不顺和压力都会被抛诸脑后。所以，真应该给这些人鼓鼓掌，因为做到工作和生活互不干涉真的很难。

人们在做自己喜欢做的事情时，自然会全身心投入，注意力完全不受外界的干扰。但是，当人在朝着自己定下的目标努力的时候，保持专心致志的状态可就没那么容易了。在这种时候，提前做好计划的重要性就体现出来了。让自己的注意力集中在想要实现的目标上，不要轻易地被遇到的困难和其他琐事分散了注意力。

还记得前文提到的戴尔·卡内基的名言——"充满热情地行动，便能成为充满热情的人"吗？

做事的时候假装自己很认真、很专注；假装自己对正在做的事情很感兴趣，十分投入。久而久之，你就会发现，你在做事的时候真的变得既认真又投入了！

50. 有全力以赴的决心

　　很多人在制订了计划后的前几个月还可以饶有兴致地行动，但是过了几个月后，如果没有坚定的决心，很多人便开始打起退堂鼓。就拿减肥来说吧。刚开始节食和运动的头几个星期，坚持下来不算什么难事。但是要连续几个月，甚至数年顿顿吃没有滋味的健身餐，每天雷打不动地执行枯燥劳累的健身计划，没有坚强的内心可做不到。创业或者前几节里提到的"获得认可计划"也是同样的道理。全力以赴的基础是知道自己想要什么，全力以赴还可以向别人表明你想要认真做事的决心。

　　不留一点儿余地，全心全意地朝着目标努力才有可

能成功。如果你告诉别人，你在绝大多数场合下都是素食主义者，只不过偶尔吃一顿肉，那么没人把你当作一名真正的素食主义者来看待，只会觉得你是现在常见的那种觉得吃素很酷，却又不愿放弃吃肉的跟风的人。

找出最需要这种内在的力量、这种行为方式的地方，是做到全力以赴的关键。假如你决定要在哪件事情上全力以赴，下定决心后一鼓作气去做这件事，然后这件事就完成了。就是这么简单！去超市的时候预算超了，决定放弃购物车里的巧克力？那就伸手把巧克力放回货架上。换句话说，做决定意味着排除其他所有的选项。如果真的下定了决心，内心就一定会产生全力投入的想法，而这种想法反过来又会支持你做出这个决定。如果这个决定对你真的很重要，千万不要退缩。对自己有点信心！

别把简单的事情复杂化。多给自己几次尝试的机会，毕竟失败是成功之母。每次去超市的时候，记得在心里叮嘱自己别再买巧克力了，或者干脆狠下心来，决定再也不去超市买零食了，杜绝任何贪吃的可能性。

如果决定申请一份新的工作，那么你一定要投入自己所有的精力和资源，不惜任何代价去争取这份工作。只有百分百地投入，你才有资格说自己真的尽力了。

没有人会强迫竭尽全力的人去做超出他们能力所限的事，除了你自己。在全力以赴的时候，内心不断的自我批评可能是比遇到的所有困难都更为可怕的敌人。让体内源源不断的批评的声音闭嘴，然后享受无拘无束的时光吧。这样做之后，你便可以放下心里所有的担心和顾虑，头也不回地朝着目标迈进。

下定决心，全力以赴朝着你一直以来渴望的认可努力吧。

在这里，我想用电影《阿凡达》里纳威族的一句台词来给本书做一个结尾："我看到你了。"

获得认可计划

恭喜你坚持到了最后！到这个阶段，我们已经探讨了你是怎样的人，你如何对待他人，以及你该做哪些事。现在先让我们来回顾一下你在读了本书后养成了哪些新的习惯，然后再看看为了让你的"获得认可计划"顺利运行，你应如何表现。

章	你现在是什么样子	你想变成什么样子	你将要做什么
第 1 章 你是怎样的人	热心却又悲观厌世	看起来充满热情；拥抱积极的态度	在下次开会的时候谈一谈自己的新想法；跟同事聊聊最近顺利的事
第 2 章 你如何对待他人	礼貌斯文但总是置身事外	更加乐于助人，并对与人交往产生兴趣	本月里抽出时间约团队里的同事，逐一出来喝茶聊天
第 3 章 你该做哪些事	主动做一点事	让额外的承诺被人认可	每个月选一个能产生重大影响的项目，然后找出两种利用项目获益的方式

续表

章	你现在是什么样子	你想变成什么样子	你将要做什么
第4章 你应如何表现	开会时总是迟到	提前到达会场，事前做好万全的准备，仔细阅读相关的资料	用行程表来规划时间，确保每次开会都能提前五分钟到；每天定时复习回忆内容并挤出时间尽快完成会议布置的任务；别拖沓，从下周的晨会开始试试这些新方法吧

现在去获得认可吧！

结语 一个探寻认可的旅程

我想来想去还是觉得，给本书做总结的最好的方式就是给各位读者讲述一下我和我的一位客户一同踏上探寻认可的旅程的故事。那个时候我们完全没有意识到我们正是按照本书描写的步骤，克服了众多磨难，艰难地前行。

我的客户诺曼当时正在某个大公司旗下的一个相对独立的金融服务机构工作。在我们刚开始探寻认可的旅程的时候，他就像无数普通的白领一样，挤在写字楼里的小格子间上班，每天面对的都是两只手数得过来的老客户。他在客户中有着良好的口碑，而且在业界摸爬滚打已经十多年了，可以说经验十分老到。不过他曾经创业失败过，最后与合伙人闹得不欢而散，最近才刚把办公室从家里搬到写字楼里。

不用说也知道，这个故事的主角是诺曼。我希望从我们两个的视角来重现诺曼是如何改变他的商业模式的，并重点描述他是如何让自己焕然一新、脱颖而出，最后获得他今天所拥有的认可的。

找私人教练来做职业规划和辅导并不是什么新鲜事。诺曼在遇到我之前已经咨询过好几位专家。听他说，专家给出的建议和方案多少还是有点作用的，只不过因为种种原因他没有坚持下去，后来便将那些建议都抛诸脑后了。我发现他手头上有令我眼花缭乱的工具、几乎用之不尽的资源，他还掌握了许许多多的技能，但可惜的是，他并没有利用好其中任何一个。我在与他初次见面的时候便发觉到他丝毫没有掩盖野心的意愿，明眼人都能看出他急切地渴望完成公司给他定下的指标，并因此获得他自认为应得的认可。

然后我和诺曼便一同开始着手他的"改造"计划。

接下来的几个月里，我们共同合作，携手制订了为他量身打造的"获得认可计划"，跟本书里提供的大纲几乎一模一样。我们每天都采取大量措施来帮助诺曼养成良好的习惯；我们互相监督，确保他能够不脱离现有的路线，坚持按照计划稳步行动。在这段日子里，我们二人相互之间的了解越来越深，友谊也越发深厚。

作为教练，除了有许多事情是可以传授的，并且在不少方面试着施加自己的影响力，引导学员往好的方向发展，你还可以从学员身上学到很多新的东西。我在帮助诺曼获得更多认可的时候从他身上学到了不少之前从未想过的知识。这就是我一直以来梦寐以求的双赢局面。

在探寻认可的过程中，不但我和诺曼大有收获，我们周围的人也一样受益匪浅。看上去，所有的事情都正在逐步走向正轨，朝着规划好的方向发展。诺曼选择重点关注"他是怎样的人"这方面，在把自己彻头彻尾地打量了一遍之后，诺曼得以将内在的性格特质转化为可以为他和他的工作所用的特长以及核心价值观。与之前相比，诺曼在处理和客户、同事和业务中碰到的所有人的关系时都改善了不少。到这时为止，他已经可以熟练地判断出对方想要被如何对待，因为很显然并不是每个人都想获得一模一样的待遇。在判断出对方的偏好和想要何种待遇后，他便可以做到看人下菜，令所有人都满意。

从这时开始，好事情开始接连发生：他的业务越做越大，手下也接二连三地有新员工加入进来，为此他甚至连续搬家了两次，因为现有的办公室已经不足以容纳他的团队了。在当地，他的名气也越来越响，许多新客户慕名而来，指名要他来服务。上级公司的领导也渐渐地开始留意到他的存在，态度也亲切了许多，跟从前爱搭不理的样子大不相同。陆续有体量更大、更为优质的客户前来寻找合作的机会，之前他给自己定下的看似不现实的目标现在看来突然变得小菜一碟了。渐渐地，诺曼自信了起来，不再纠结于过去失败的经历。

当然，诺曼探寻认可的旅程并不是一直一帆风顺的。好在每当和困难不期而遇的时候，我都能和他互相协助，共同研究解决问题的方法。我们发现，专业的好奇心，如问问自己"我可以从中学到什么"之类的，在解决问题时大有成效。是心中的目标和获得认可的计划驱使诺曼咬着牙克服了种种难关，不为杂念所动，全心全意朝着自己定下的目标前进。通过对工作的归纳、总结，他意识到只要持之以恒地做对招揽客户有益处的事，自然而然地就会有客户找上门来，生意自然会越做越大，而他最终也会得到梦寐以求的认可。

　　长话短说，诺曼按照预定的计划一鼓作气完成了第一年的工作目标。他出乎意料的优异表现自然吸引了公司大领导和业内许多人士的注意；他仿佛是一颗冉冉升起的新星，所有人都目不转睛地盯着他，期待看到他接下来的表现。诺曼总结出了自己身上对实现目标有帮助的品质，然后列出了自己还略微欠缺，想要进步却必不可少的那些品质。他熟练地掌握了每天激励自己、给自己打气的必要流程；他学会了平衡工作和生活；他还学会了让客户、同事、家人和自己都能开心的秘诀。

　　最重要的是，他能够和他的家人一起庆祝他在工作上的成功以及通过努力赢得的认可。对他来说，家庭应该是他最珍重的东西了。总而言之，光在工作中获得认可并不够，不能忽视家人的影响力，因为没有家人的支持是做不到全心全意工作而不被生活琐事分散精力的。

　　诺曼在业界小有名气之后，更多的责任和重担落在了他的肩上，各种闻所未闻的挑战接踵而至。英文里有个词叫"One Hit Wonders"，指的是那些发表了一张热门的专辑后就再也发不出可以达到这种水准的作品，最后逐渐销声匿迹的艺人。还好我可以很肯定地说，诺曼并不是这样的人。在接下来的五年里，他又搬了两次家，办公的地方乍一看仿佛给人一种跨国大公司的感觉；他建立了一支不但非常吃苦耐劳、充满信念，而且十分忠于他、他的价值观和他的客户的专业队伍。监管机构对于金融市场的管理逐年收紧，严格的监管带给他和他的团队的挑战也越来越复杂；他并没有被挑战吓退，而是不断给自己定下新的目标，想方设法逐一解决遇到的新难题。最终，他的团队在不断发展壮大的过程中按照计划好的那样克服了所有遇到的问题，每年定下的目标也都圆满完成。

从这之后，诺曼的事业持续保持稳定的发展和增长，正如他在客户中的口碑和他从周围的人身上获得的认可。五年之后，我和诺曼依然保持着教练和学员的关系。他还会给自己设立野心勃勃、充满挑战的目标，根据目标制订相应的计划，并一次次地从自己和手下的身上汲取最优秀的表现。他比过去任何时候都更加了解自己的性格与特质，不论是特长还是缺陷；他知道自身的特点分别在什么时候会助推或者拖累他达成目标的进度；他知道他的行为会给旁人带来什么样的影响，以及为了得到想要的结果该如何决定下一步行动；他知道哪

些流程和活动可以令他自己、他的工作，以及他的家庭脱颖而出；最重要的是，他知道哪些行为举止和习惯可以造就充实且有意义的人生。

诺曼告诉我，他在整个获得认可的过程中学到的最关键的一点是所有人都需要团队协作，像独行侠那样单打独斗的话是永远无法实现目标的。认清了自己不是无所不能的道理后，试着向别人请求援手吧，这看似不起眼的举动正是通往成功获得认可之路的奠基石。事先制订个计划，哪怕只是确定大致的方向，对于获得认可十分重要。不要因为害怕遇到突发事件就不给自己制订计划；记住，没有什么事可以从头到尾都一帆风顺。你应得的认可从来都是通过长期持续的努力获得的，而不是撞了大运、全凭偶然得到的。成功和认可的前提是制订缜密的计划和采取正确适当的行动。认可就像一种毒品，获得的越多越上瘾。

我从诺曼获得认可的过程中得到的最大收获是意识到自己在看到别人实现目标、获得认可的时候，会被他们的喜悦之情感染，自己也会不由自主地为他们感到开心。另外，人不一定要作为主角，站在聚光灯下才能成为人群中闪耀发光的人，只要做好书中提到的每个细节，你迟早会获得认可。

我很荣幸能够与诺曼在他探寻认可的旅程中同行。现在回首相望，我在构思并撰写本书中许多观点时都受到了这段经历的影响和启发。我可以很肯定地说，假如你能够按照书中的步骤行动，试试看我从经验中总结出的方法和诀窍，从中找出最适合你的那些，那你肯定会获得想要的认可。

如果能参与你探寻认可的旅程，一定是我的荣幸。欢迎各位读者将你们获得认可的故事、赢取认可的途中面对的挑战，以及你们摸索出的书中没提到的对获得认可有用的诀窍分享给我，不论是通过邮件、留言还是其他方式。这样一来我们便可以将这些分享给更多的人，帮助更多的人获得他们应得的认可。

自己因为表现优异而获得认可的滋味固然很好，但是悄悄告诉你，认可别人的成就并跟他们一起分享喜悦的感觉会更棒。

反侵权盗版声明

电子工业出版社依法对本作品享有专有出版权。任何未经权利人书面许可，复制、销售或通过信息网络传播本作品的行为；歪曲、篡改、剽窃本作品的行为，均违反《中华人民共和国著作权法》，其行为人应承担相应的民事责任和行政责任，构成犯罪的，将被依法追究刑事责任。

为了维护市场秩序，保护权利人的合法权益，我社将依法查处和打击侵权盗版的单位和个人。欢迎社会各界人士积极举报侵权盗版行为，本社将奖励举报有功人员，并保证举报人的信息不被泄露。

举报电话：（010）88254396；（010）88258888
传　　真：（010）88254397
E-mail：　dbqq@phei.com.cn
通信地址：北京市万寿路173信箱
电子工业出版社总编办公室
邮　　编：100036